森林管理与碳

——应对全球气候变化的 REDD+研究

白彦锋　雷静品　肖文发　等 著

U0341395

科学出版社

北　京

内 容 简 介

本书是科技部国家重点基础研究发展计划课题"'减少发展中国家毁林排放等行动的政策措施和激励机制'谈判议题相关问题研究"（2010CB955107）成果的系统总结。全书共分 9 章，主要概述了联合国气候变化谈判进程中"减少发展中国家因毁林和森林退化所致排放，森林保护、森林可持续管理和提高森林碳储量（REDD+）"的形成与发展历程，探讨了REDD+涉及的森林参考水平/森林参考排放水平、融资机制和"三可"等关键技术问题，分析了 REDD+项目活动对全球林产品贸易和中国的潜在影响，最后总结了印度尼西亚、越南和巴西三个国家在开展 REDD+项目活动中的经验和教训。研究成果可为政府部门决策提供支撑。

本书可供林学、生态学和林业经济管理学等领域的教师和科研工作者参考使用。

图书在版编目（CIP）数据

森林管理与碳：应对全球气候变化的 REDD+研究/白彦锋等著.
—北京：科学出版社，2017.9
ISBN 978-7-03-054687-6

Ⅰ. ①森… Ⅱ. ①白… Ⅲ. ①气候变化–影响–森林管理–研究–中国 Ⅳ. ①S75

中国版本图书馆 CIP 数据核字(2017)第 240399 号

责任编辑：张会格 / 责任校对：张凤琴
责任印制：张 伟 / 封面设计：图阅盛世

科 学 出 版 社 出版
北京东黄城根北街 16 号
邮政编码：100717
http://www.sciencep.com

北京教图印刷有限公司 印刷
科学出版社发行 各地新华书店经销
*

2017 年 9 月第 一 版 开本：720×1000 B5
2017 年 9 月第一次印刷 印张：8 3/4 插页：2
字数：200 000
定价：**78.00 元**

（如有印装质量问题，我社负责调换）

《森林管理与碳——应对全球气候变化的REDD+研究》著者名单

白彦锋　雷静品　肖文发

姜春前　吴水荣　武曙红

前　　言

自工业革命以来，以二氧化碳（CO_2）为主的温室气体浓度的增加导致全球气候变暖已经引起国际社会的广泛关注，气候变暖已经对世界政治、经济和社会格局带来巨大冲击。政府间气候变化专门委员会（IPCC）指出，气候变化既包括自然因素引起的变化，也包括人类活动导致的变化（IPCC，1990），IPCC 在第 5 次评估报告（2013）中进一步明确指出，人类活动导致的温室气体排放极有可能是 1951年以来全球气候变暖的主要驱动因素。

森林在减缓全球温室气体浓度增加的过程中具有不可替代的作用。一方面，森林生态系统的生物量和土壤储存着大量的碳，是陆地上最大的碳储存库，且人们通过植树造林、森林可持续管理和森林保护等途径可以有效地提高森林生态系统的碳储量；另一方面，森林病虫害、火灾及森林采伐直接导致森林的退化甚至消失，从而使森林由一个碳库变成了重要碳源。IPCC 第 5 次评估报告（2013）指出，1750～2011 年土地利用变化（主要是毁林）导致的碳排放是 180GtC。毁林和森林退化导致的排放占全球温室气体排放的 11%，已经成为继化石燃料燃烧之后的第二大排放源。因此，如何减少毁林和森林退化引起的温室气体排放，以及通过森林可持续管理和森林保护提高森林碳储量一直受到参与联合国气候变化谈判的各国政府和科学家的共同关注。早在围绕实施《京都议定书》相关的土地利用、土地利用变化和林业（LULUCF）议题谈判时，由于毁林涉及的森林参考水平/森林参考排放水平（FRL/FREL）、泄露和方法学等问题争议较大，最终在《马拉喀什协定》中，未将毁林作为第一承诺期合格的清洁发展机制（CDM）项目。

2005 年 7 月，巴布亚新几内亚和哥斯达黎加等缔约国从增加本国实施林业相关项目的机会考虑，联合向《联合国气候变化框架公约》（以下简称《公约》）秘书处提出将毁林纳入谈判的建议，后被列入当年在加拿大召开的《公约》第 11 次缔约方大会的临时议题。自此，开启了减少发展中国家毁林所致排放议题的谈判。此后，该议题范围又被扩展到"减少发展中国家毁林和森林退化所致排放，森林保护、森林可持续管理和提高森林碳储量（REDD+）"，在以后的缔约方大会上多次讨论，并形成了一系列的重要决议，包括"华沙 REDD+框架"及《巴黎协定》的第五条款。

为减少毁林和森林退化所致排放，并提高森林可持续管理，还有许多工作要做，包括建立国家森林监测体系、确定 FRL/FREL、构建 REDD+活动的"三可"

体系等关键问题。围绕这些问题，本书从气候变化的事实出发，在概述联合国气候变化谈判进程及 REDD+议题的形成与发展历程的基础上，探讨了 REDD+涉及的相关定义和森林退化的评价及 FRL/FREL、融资机制和"三可"等关键技术问题，分析了 REDD+项目活动对全球林产品贸易和中国的潜在影响，最后总结了印度尼西亚、越南和巴西三个国家在开展 REDD+项目活动中的经验和教训。

本书得到了国家重点基础研究发展计划课题"'减少发展中国家毁林排放等行动的政策措施和激励机制'谈判议题相关问题研究"（2010CB955107）的资助。研究成果可为我国政府决策者、科研工作者提供参考。

由于作者水平有限，本书难免有不妥之处，望批评指正。

著　者

2016 年 6 月

目　　录

第一章　绪　　言

政府间气候变化专门委员会（IPCC）组织全球的科学家开展了一系列针对气候变化、影响、减缓和适应的评估工作，至今共发布了 5 次气候变化评估报告。IPCC 的 5 次评估报告都指出，人类正面临着由日益严峻的全球气候变暖所带来的一系列影响人类可持续发展的问题。最新的 IPCC 第 5 次评估报告《综合报告》明确指出，人类活动引起的温室气体排放是导致 20 世纪中期以来全球气候变暖的主要驱动因素（IPCC，2014），IPCC 第一工作组在报告中指出，人类活动对气候系统的影响是确认无疑的，21 世纪末及以后时期的全球地表变暖主要取决于历史累积二氧化碳（CO_2）的排放（IPCC，2013）。这也是 IPCC 首次系统地评估人类活动的历史累积 CO_2 排放。自工业革命以来，发达国家占据了全球近 70%的 CO_2 累积排放量，美欧国家的历史累积 CO_2 排放量约是中国的 5 倍（邹骥等，2015）。

最近几十年，气候变化已经影响到自然系统和人类系统，并且 IPCC 第二工作组已经证明气候变化对自然系统的影响是最大和最复杂的。此外，关于气候变化对经济领域的影响也很难评估。为应对气候变化，人类社会需要投入大量的资金来减缓和适应气候变化，严重影响经济的发展。全球气候变暖将导致人类社会面临生存和可持续发展的严峻挑战。

第一节　全球气候变化

自工业革命以来，以 CO_2 为主要温室气体浓度的增加而导致的全球气候变暖已经引起国际社会的广泛关注。全球气候变暖的问题已经对世界的政治、经济和社会格局带来巨大冲击。自 20 世纪 90 年代以来，人类如何应对全球气候变暖已经成为各国政府和研究人员关注的重要热点问题。

IPCC 指出，气候变化既包括自然因素引起的变化，又包括人类活动导致的变化（IPCC，1990），并且在最新的 IPCC 第 5 次评估报告中进一步明确了人类活动对全球气候变暖的影响是显著的（IPCC，2013），并且这种影响正在增强。《联合国气候变化框架公约》（UNFCCC，简称《公约》）在其第一条款中也给出了气候变化的定义：除在类似时期内观测到的气候自然变异外，还包括由直接或间接人为活动改变了地球大气的组成而造成的气候变化（United Nations，1992）。IPCC

第 5 次评估报告第一工作组指出，全球气候变暖的结果已经很明确了，并且陆地气温和海洋表面的温度在上升，积雪和冰川正在消失，海平面正在上升，大气中的温室气体浓度也在增加，并达到历史上的最高浓度（IPCC，2013）。

一、全球温度和海平面变化

目前已经观测到全球平均气温和海洋表面温度升高，大范围的冰雪融化及全球平均海平面上升，全球气候呈现以变暖为主要特征的显著变化。观测数据表明（IPCC，2013），地球表面温度在刚刚过去的 3 个 10 年里要比 1850 年以来其他任何 10 年都温暖，并且 1983～2012 年很可能是北半球过去 1400 年以来最热的 30 年；1880～2012 年，陆地和海洋表面的温度上升了 0.85（0.65～1.06）℃，2003～2012 年的平均温度比 1850～1990 年的平均温度上升了 0.78（0.72～0.85）℃（图 1-1）。同时，IPCC 评估报告也指出，由于 1998 年的强厄尔尼诺现象影响，1998～2012 年全球地表温度增加速率（每 10 年升高 0.05℃）要比 1951～2012 年温度增加速率（每 10 年升温 0.12℃）低，这也与 IPCC 评估报告选取的起始年份密切相关。基于 IPCC 评估报告结果，2015 年 12 月在法国巴黎结束的《公约》第 21 次缔约方会议（COP21）上提出了"与工业革命前相比，将全球平均温度升幅控制在 2℃以内，并继续争取把温度升幅限定在 1.5℃"的目标。

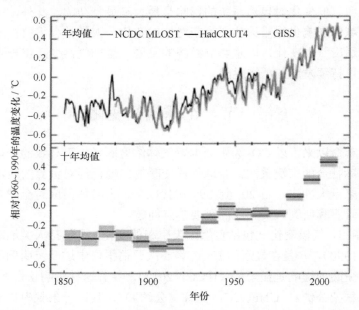

图 1-1　观测的全球表面温度的变化（1850～2012 年，详见书后图版）

与 1961～1990 年相比，全球平均表面温度异常值的数据分别来自 HadCRUT4（黑色）、NCDC MLOST（橙色）和 GISS（蓝色）三个最新的关于陆地表面气温和海洋表面温度数据集

从全球尺度上看（IPCC，2013），海洋表面附近增温最明显，1971～2010 年海洋上部 75m 内在过去每 10 年增加 0.11（0.09～0.13）℃；1991～2011 年格陵兰岛和南极冰盖正在消融，2002～2011 年消融的速度可能更快；1979～2012 年北极海冰范围也在减小，平均每 10 年减小 3.5%～4.1%；而同期在南极出现海冰范围每 10 年增大 1.2%～1.8% 的现象，尽管在南极表现出强大的区域差异，海冰在一些地区是在增加，但其他地区在减少。

1901～2010 年，全球海平面平均每年上升 1.7（1.5～1.9）mm（图 1-2），自 19 世纪中叶以来，全球海平面上升的速率超过了过去 2000 年的平均速率；1971～2010 年，海平面平均每年上升 2.0（1.7～2.3）mm；1993～2010 年，海平面平均每年上升 3.2（2.8～3.6）mm（IPCC，2013）。

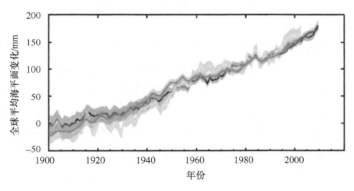

图 1-2　全球平均海平面变化（详见书后图版）
不同颜色的线代表不同的数据集

二、温室气体浓度增加

自 1750 年以来，由于人类活动导致的全球大气中温室气体 CO_2、CH_4 和 N_2O 的浓度已经显著升高，并且这些温室气体的浓度大大超过了冰芯记录的近 80 万年以来的最高水平。尽管各国政府不断地通过政策减缓气候变化，但 1970～2010 年的 40 年间人为的温室气体排放量仍持续上升，最近 10 年的排放速度和排放总量上升最快，2010 年温室气体排放量达到（49±4.5）Gt CO_2-eq（1Gt=10^9t）。2011 年，大气中 CO_2 的浓度达到了 391ppm[①]，CH_4 的浓度达到 1803ppb[②]，N_2O 的浓度增加到 324ppb，相对于工业革命前的水平分别升高了 40%、150% 和 20%（图 1-3）。

2002～2011 年，每年来自化石燃料燃烧和水泥生产的 CO_2 排放量为 8.3（7.6～9.0）Gt C；2011 年 CO_2 的排放量为 9.5（8.7～10.3）Gt C，超过 1990 年排放水平的 54%；

---

① 1 ppm=10^{-6}，下同。
② 1 ppb=10^{-9}，下同。

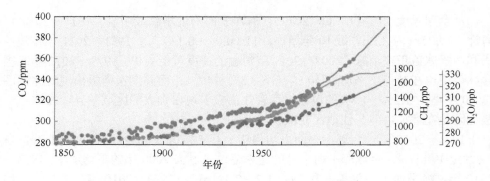

图 1-3 全球温室气体浓度变化（详见书后图版）
绿色为 CO_2，橙色为 CH_4，红色为 N_2O

每年因人为活动引起土地利用变化而导致的 CO_2 净排放量为 0.9（0.1～1.7）Gt C。

IPCC 第 5 次评估报告在综合最新研究成果的基础上，第一次系统地给出了 1750～2011 年全球温室气体累积排放及在不同系统中的分配情况，并且也指出最近 40 年排放量是过去 200 多年排放量总和的一半还多。1750～2011 年，由人类活动导致的 CO_2 的累积排放量达到 555（470～640）Gt C，并导致了大气中 CO_2 的浓度从 278ppm 增加到 2011 年的 391ppm。其中，化石燃料燃烧和水泥生产已经向大气排放的 CO_2 达到 375（345～405）Gt C，而土地利用变化（主要是毁林）向大气释放 CO_2 的量为 180（100～260）Gt C（图 1-4）；排放的这些 CO_2 分别有 240（230～250）Gt C/年留在大气中，155（125～185）Gt C/年被海洋吸收，并导致海洋酸化，160（70～250）Gt C/年则被储存于陆地生态系统（图 1-5）。

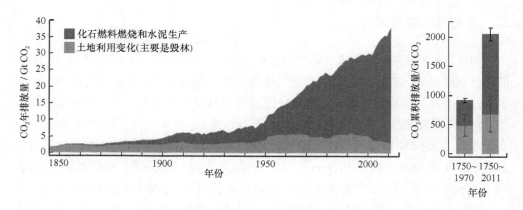

图 1-4 全球人类 CO_2 排放
CH_4 和 N_2O 定量化信息的时间是 1850～1970 年。全球来自土地利用变化（主要是毁林）及来自化石燃料燃烧和水泥生产等人类活动导致的 CO_2 排放，来自这些排放源的 CO_2 累积排放和不确定性分别以条形图和柱状图表示

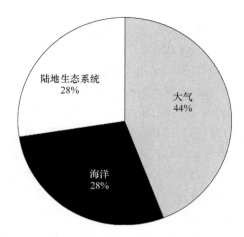

图 1-5 人为活动产生的 CO_2 在不同系统中的分配

第二节 温室气体（CO_2）排放的主要驱动力

全球大气中平均 CO_2 浓度已经从工业革命前的 280ppm 增加到 2011 年的 391ppm，明显超过了 65 万年以来浓度的自然变化范围（180～280ppm）。自 IPCC 成立以来，其和全球的科学家一起探求导致气候变暖的主要原因。如果单纯考虑自然强迫的模式，则与近百年的全球气温变化模拟结果不符，但是基于模型模拟自然和人为因素共同作用的模式与近百年的全球气温变化模拟有着很好的拟合效果（IPCC，2007）。因此，仅考虑自然因素对气候变化的影响是很难解释大气中温室气体浓度的这种变化差异的。尽管自然因素和人类活动都会对气候变化产生影响，且在地质历史时期，影响气候变化的主要驱动力是自然因素，但是，根据对 1750 年以来观测到的人类活动和温室气体浓度的变化，人类活动导致的温室气体排放极有可能是 1951 年以来全球气候变暖的主要驱动因素，对气候变暖起主导作用，这一结论的可信度在 95%以上（IPCC，2015）。

工业革命以来，化石燃料的大量使用和水泥生产等人为活动导致了大气中以 CO_2 为主要温室气体浓度的增加。2002～2011 年，化石燃料燃烧和水泥生产导致的年平均碳排放量为 8.3（7.6～9.0）Gt C，且年平均增长率为 3.2%；2011 年，化石燃料燃烧导致的碳排放量达到了 9.5（8.7～10.3）Gt C（IPCC，2013）。1970～2010 年，化石燃料燃烧和工业化进程释放的 CO_2 对该期间温室气体总排放量的贡献率是 78%，并且全球经济和人口增长仍然是推动化石燃料燃烧并导致 CO_2 排放的最重要驱动力。

此外，土地利用变化（主要是热带地区毁林）已经成为继化石燃料燃烧之后第二大温室气体排放源。IPCC（2013）报告显示，2002～2011 年，以毁林为主的土地利用变化造成的碳排放量为 0.9（0.1～1.7）Gt C/年，相对于 20 世纪 90 年代碳排放速率略有减缓。Houghton（2012）研究结果显示，全球来自土地利用变化的 CO_2 净排放量在 20 世纪 80 年代、90 年代和 21 世纪前 10 年分别为 1.4Gt C/年、1.5Gt C/年和 1.1Gt C/年；基于森林清查法数据得出，因热带毁林和森林退化导致的总排放量在 20 世纪 90 年代和 21 世纪前 10 年分别为（3.0±0.5）Gt C/年和（2.8±0.5）Gt C/年（FAO，2010；Pan et al.，2011）；最近估算的总排放量结果是 0.6～1.2Gt C/年（Harris et al.，2012）。1750～2011 年，土地利用变化（主要是毁林）导致的碳排放量为 180Gt C；2000～2009 年，土地利用变化（主要是热带地区毁林）引起的碳排放量为 1.1Gt C/年，这相对于 20 世纪 90 年代的结果略有降低，主要是一些地区通过植树造林和再造林活动抵消了部分毁林所导致的碳排放。FAO 最新估计[①]（2015 年），2001～2015 年，全球因毁林导致的温室气体排放已经从 3.9Gt $CO_{2\text{-eq}}$/年下降到 2.9Gt $CO_{2\text{-eq}}$/年。这主要归因于中国、巴西、智利、菲律宾、韩国、越南、土耳其、乌拉圭和哥斯达黎加等一些国家在减少毁林和增加森林面积方面所做的贡献。

由于森林在全球碳平衡和应对气候变化方面发挥着重要的作用，因此可以通过造林和再造林、森林可持续管理、森林保护等途径减少毁林和森林退化，避免森林转化成其他土地利用方式，从而减少森林向大气中释放 CO_2。IPCC（2015）也指出，造林、森林可持续管理和减少毁林是林业部门减缓气候变化最具有成本效益的选择。同时，木材的循环利用及木材替代能源密集型产品也将延缓林产品碳的排放（白彦锋等，2009）。

另外，2010 年出版的《建筑与气候变化：决策者摘要》显示，建筑是全球温室气体排放的三大来源之一，并且建筑行业的排放量占全球年温室气体排放量的 30%，并消耗了 40%的全球能源[②]。这些人类活动对全球气候变暖的影响已经被历次的 IPCC 评估报告所证实。

第三节　全球森林资源

一、全球森林资源现状

2015 年，全球森林面积为 39.99 亿 hm^2，森林蓄积量为 4310 亿 m^3，单位面积森林蓄积量为 107.78m^3/hm^2。地上和地下生物量碳储量为 2500 亿 t，单位面积生物量碳储量为 62.52t/hm^2（表 1-1）。其中，欧洲是全球森林面积最大的区域，

---

① 数据源自 FAO 排放数据库和 FAO《全球森林资源评估报告 2015》。
② 中国新闻网. 2010. 建筑成全球温室气体排放的三大来源之一. http://www.chinanews.com/expo/2010/07-05/2382645.shtml [2016-5-18].

为 10.15 亿 hm²，亚洲地区人工林的面积最大为 1.29 亿 hm²；南美洲是全球森林蓄积量最大的地区，为 1290 亿 m³，单位面积蓄积量最大的地区也是南美洲，平均每公顷的蓄积量为 153.21m³，单位面积蓄积量最小的是大洋洲，为 57.47m³/hm²；生物量（地上和地下）碳储量最大的地区也是南美洲，达 82Gt C，生物量碳储量最小的是大洋洲，单位面积生物量碳储量最大的是南美洲，为 97.39t/hm²，其次是非洲，为 94.55t/hm²，亚洲地区为 57.34t/hm²，最小的是中北美洲，为 29.29t/hm²。南美洲和非洲国家有较大面积的热带森林，单位面积生物量碳储量最大。因此，自然因素和人类活动因素对热带森林干扰导致的毁林和森林退化所引起的碳排放对全球碳平衡及大气中 CO_2 浓度影响的作用不可小觑。

表 1-1 2015 年全球森林面积、蓄积量和生物量碳储量（FAO，2015）

区域	森林面积 /亿 hm²	人工林面积 /亿 hm²	森林蓄积量 /亿 m³	生物量碳储量 /亿 t	单位面积蓄积量 / (m³/hm²)	单位面积生物量碳储量/（t/hm²）
非洲	6.24	0.16	780	590	125.00	94.55
亚洲	5.93	1.29	510	340	86.00	57.34
欧洲	10.15	0.82	1140	450	112.32	44.33
中北美洲	7.51	0.43	490	220	65.25	29.29
南美洲	8.42	0.15	1290	820	153.21	97.39
大洋洲	1.74	0.04	100	80	57.47	45.98
合计	39.99	2.89	4310	2500	107.78	62.52

通过减少毁林和森林退化可以避免森林固定的生物量碳迅速排放到大气，这也是人类减少温室气体排放最直接有效的途径。由于毁林主要发生在南美洲、非洲和东南亚的热带地区，因此这些地区的森林有着巨大的减排潜力。

二、全球森林面积变化

森林是陆地生态系统的主体。在过去的 25 年，全球森林面积从 41.28 亿 hm² 左右减少至 39.99 亿 hm² 左右，森林面积相对于 1990 年已经减少了 1.29 亿 hm²，且 1990～2015 年森林面积变化也逐渐趋于平缓（表 1-2），相较于 1990 年之前毁林已明显减少。森林面积变化趋势减缓主要有两方面的原因：一是森林采伐率下降；二是通过植树造林，以及现存森林面积的扩展致使新的森林面积扩大。按照区域划分，到目前为止，1990～2015 年毁林发生最严重的地区是热带，且自 1990 年以来，每次全球森林资源评估周期内热带地区的森林面积都出现不同程度的减少，温带地区森林面积呈净增长，在北方气候带相对变化不大，但是亚热带气候区域近 10 年已有森林面积减少情况出现（图 1-6）。

表 1-2   1990～2015 年全球森林面积变化情况（FAO，2015）

年份	森林面积/亿 hm²	年度变化/亿 hm²	年度百分比/%
1990	41.28		
2000	40.56	−7.27	−0.18
2005	40.33	−4.57	−0.11
2010	40.16	−3.41	−0.08
2015	39.99	−3.31	−0.08

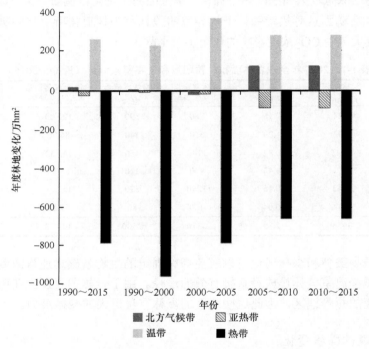

图 1-6   按气候区域划分的年度森林面积变化

　　按照国家来划分，2010～2015 年森林面积减少最多的前十的国家主要分布于南美洲、亚洲和非洲（表 1-3）。其中，亚洲有 2 个国家，非洲有 4 个国家，南美洲有 4 个国家。巴西、巴拉圭、阿根廷和委内瑞拉这 4 个国家占了南美洲面积的大部分；尽管排名前十的国家中亚洲仅有印度尼西亚和缅甸，但是这 2 个国家损失的森林面积占这 10 个国家毁林面积总和的 27%，由此可见，亚洲毁林的形势也不容乐观。同期，全球年度毁林面积逐渐减缓主要归功于一些国家森林面积的增长，如中国和越南通过植树造林和森林可持续管理活动大大增加了森林面积。2010～2015 年森林面积增加排名前十的国家依次为中国、澳大利亚、智利、美国、菲律宾、加蓬、老挝、印度、越南和法国（表 1-4），这 10 个国家 2015 年森林增加面积占 2010 年林地面积百分比的平均值为 1.04%。

表 1-3 2010～2015 年森林面积减少排名前十的国家（FAO，2015）

排序	国家	年度林地损失	
		面积/万 hm^2	占 2010 年林地面积百分比/%
1	巴西	98.4	0.2
2	印度尼西亚	68.4	0.7
3	缅甸	54.6	1.7
4	尼日利亚	41.0	4.5
5	坦桑尼亚	37.2	0.8
6	巴拉圭	32.5	1.9
7	津巴布韦	31.2	2.0
8	刚果（金）	31.1	0.2
9	阿根廷	29.7	1.0
10	委内瑞拉	28.9	0.5

表 1-4 2010～2015 年森林面积增加排名前十的国家（FAO，2015）

排序	国家	年度林地增长	
		面积/万 hm^2	占 2010 年林地面积百分比/%
1	中国	154.2	0.8
2	澳大利亚	30.8	0.2
3	智利	30.1	1.9
4	美国	27.5	0.1
5	菲律宾	24.0	3.5
6	加蓬	20.0	0.9
7	老挝	18.9	1.1
8	印度	17.8	0.3
9	越南	12.9	0.9
10	法国	11.3	0.7

第四节 《联合国气候变化框架公约》缔约方会议形成的重要成果

一、概述

为应对全球气候变暖，保护人类的生存环境和促进社会经济的可持续发展，人类开启了全球气候治理制度的国际谈判。全球气候治理制度的谈判达成了一系列关键成果：1992 年通过了《联合国气候变化框架公约》，这是国际社会共同应对全球气候变化的公约；2005 年 2 月 16 日，具有法律约束力的《京都议定书》正式生效；2007 年通过的《巴厘路线图》，为今后进一步落实《联合国气候变化框架公约》指明了方向；2009 年哥本哈根世界气候大会达成了不具法律约束力的《哥本哈根协议》，之后的 2011 年又设立了"德班加强行动平台特设工作组"（ADP，简称德班平台）并开启了相关谈判；特别是 2013 年华沙气候大会，在各方的努力下启动了各国 2020 年后"拟提出的国家自主贡献"的准备进程，但关于发达国家出资支持发展中国家以应对气候变化和有关损失损害补偿机制等争议性问题并未取得实质性的成果；尽管 2014 年的利马气候大会最终决议与会前预期还存在一定差距，但是与未来的巴黎气候大会协议草案的要素基本达成一致，为其召开奠定了基础；2015 年，随着缔约方提交的"国家自主贡献""自上而下"的强制性减排已经被"自下而上"的新模式所取代，"自下而上"的自愿减排模式推动了国际气候治理制度建设的新趋势，巴黎气候大会通过了《巴黎协定》，也为 2020 年全球应对气候变化行动做出了安排，2016 年 11 月 4 日《巴黎协定》正式生效。

联合国政府间谈判委员会于 1992 年 5 月 9 日达成了《联合国气候变化框架公约》（UNFCCC，简称《公约》），同年 6 月在巴西里约热内卢的联合国环境与发展大会上《公约》被通过，并于 1994 年 3 月 21 日生效。《公约》是世界上第一个为全面控制 CO_2 等温室气体排放，以应对全球气候变暖给人类经济和社会带来不利影响的国际公约，也是国际社会在应对全球气候变化问题上进行国际合作的一个基本框架，我国是《公约》缔约方之一。1997 年 12 月 11 日由《公约》第 3 次缔约方会议（COP3）通过了具有历史意义的《〈联合国气候变化框架公约〉京都议定书》（KP，简称《京都议定书》），为工业化国家规定了具有法律约束力的第一承诺期（2008～2012 年）温室气体减限排指标，并创造性地提出了清洁发展机制（CDM）和排放权交易制度。《京都议定书》谈判期间，重点考虑"避免毁林所致的排放"符合 CDM，但由于当时毁林所涉及的基准线、泄露和方法学等问题存在争议，因此未将其作为合格的 CDM 项目付诸实施。但该议题在 2005 年的第 11 次缔约方会议上重启。中国于 2002 年 8 月 30 日正式核准了《京都议定书》。

为实现《公约》的最终目标，1992～2016 年共召开了 22 次缔约方会议，并达成了一系列的相关政治协定，主要包括《波恩政治协议》（*Bonn Agreement*，2001）、《马拉喀什协定》（*Marrakech Accords*、2001）和《巴厘路线图》（Bali Road Map）（UNFCCC，2007a）、《哥本哈根协议》（2009）、《坎昆协议》（2010）、德班平台（2011）、《〈京都议定书〉多哈修正案》（2012）、《巴黎协定》（2015）。期间，启动了"《公约》之下长期合作行动特设工作组（AWG-LCA）"和"附件一缔约方在《京都议定书》之下的进一步承诺特设工作组（AWG-KP）"的"双轨制"谈判进程。其中，AWG-LCA下有REDD+激励机制内容谈判，AWG-KP包括土地利用、土地利用变化和林业活动碳源/碳汇核算规则的谈判。《巴黎协定》之后，联合国气候变化谈判缔约方将围绕着《巴黎协定》的具体执行细节开展讨论。

二、第 6 次缔约方会议——《波恩政治协议》

2001 年 7 月,联合国第 6 次缔约方会议(COP6)续会在德国波恩举行,达成了《波恩政治协议》。由于在海牙会议上,欧美之间及发达国家和发展中国家之间很难达成共识,且后来美国突然单方面退出《京都议定书》,《京都议定书》的落实陷入僵局。为继续推动气候变化谈判,经缔约方之间协商在德国波恩再次举行会议,通过了在《公约》下建立"气候变化特别基金"和"最不发达国家基金"及在《京都议定书》下建立"适应性基金";提出了利用土地利用、土地利用变化和林业碳汇的原则。因此,本次会议是继 1997 年京都会议以来国际气候变化谈判过程中重要的一次会议。

三、第 7 次缔约方会议——《马拉喀什协定》

2001 年 10 月,《公约》第 7 次缔约方会议(COP7)在摩洛哥马拉喀什举行,完成了《波恩政治协议》一揽子技术谈判,通过了《马拉喀什协定》。其中,包括第一承诺期附件一缔约方国家如何利用林业碳汇抵消排放的规定。尽管《京都议定书》中涉及森林、造林、再造林和毁林等林业议题,但事实上直到 COP7 达成的《马拉喀什协定》中才明确了森林及土地利用变化和林业活动对减缓气候变化的贡献及其在履约方面的应用。《马拉喀什协定》通过了有关《京都议定书》履约问题的一揽子高级别的政治决定,为《京都议定书》的生效和执行铺平了道路。这次会议也是在美国单方面退出《京都议定书》的背景下召开并达成了《马拉喀什协定》。随着美国的退出和碳汇机制的引入,《马拉喀什协定》相比《京都议定书》附件一缔约方国家的减限排指标被弱化,但《马拉喀什协定》是《京都议定书》的执行规范。

四、第 11 次缔约方会议——"蒙特利尔路线图"

2005 年 11 月 28 日至 12 月 9 日,在加拿大蒙特利尔举行的气候大会的主要议题是《京都议定书》的执行问题和"后京都时代"的国际气候制度的发展问题。本次大会也举行了《京都议定书》第 1 次缔约方会议(MOP1),这是一个历史性的开始,成立了 AWG-KP。蒙特利尔气候大会上各方讨论的焦点问题是减排,会议上达成了 40 多项重要决定,包括启动《京都议定书》第二承诺期温室气体的减排谈判;通过了成立"遵约委员会"的决定,"遵约委员会"监督和管理缔约方执行《京都议定书》的情况;启动全球碳市场,会议取得的成果称为"蒙特利尔路线图"。

在加拿大召开的第 11 次缔约方会议(COP11)上,巴布亚新几内亚等热带雨林国家提出通过一定的奖励机制减少毁林方案。该方案旨在通过经济激励机制补偿其在林业收入上的损失，实现减少这些国家的毁林。"减少发展中国家毁林排放：激励机制"列为议题正式纳入谈判的议程。然而，该议题在技术方面仍有一些难题待解。

五、第 13 次缔约方会议——《巴厘路线图》

2007 年 12 月，联合国气候变化大会在印度尼西亚巴厘岛举行，大会通过了《巴厘路线图》，确定了未来强化落实公约的领域，并为其进一步实施指明了方向。会议强调了发达国家和发展中国家在《公约》下加强合作以实现《公约》的最终目标；将美国纳入未来谈判进程；发展中国家也要采取减缓气候变化的行动，包括林业活动；为下一步落实《公约》设定了时间表；最关键的是本次大会确定了"双轨制"的谈判。

对林业而言，承认了毁林和森林退化将导致全球温室气体排放量的增加，确认在已作出努力和采取行动的前提下，减少发展中国家毁林，保持和提高森林碳储量。

六、第 16 次缔约方会议——《坎昆协议》

2010 年 11 月 29 日至 12 月 10 日，联合国气候变化第 16 次缔约方会议（COP16）在墨西哥坎昆举行。本次会议是继 2009 年哥本哈根会议后，国际社会推动《巴厘路线图》的又一重要国际会议，形成了《坎昆协议》。旨在推动关于《公约》和《京都议定书》的双轨制谈判取得实质性进展。正如联合国秘书长潘基文发表的评价"各国政府为了共同的事业和共同的利益走到了一起，并就进一步应对我们当今面临的巨大挑战达成了协议"。

尽管谈判各方在本次会议上无法就温室气体的减排目标达成共识，但是在遏制毁林和保护森林资源方面具有先天性的共识。《公约》缔约方采纳了会议期间做出的有关决定，包括 REDD+机制的范围、原理和保障措施；《坎昆协议》还提供了一系列的保障措施，以确保获得多重效益，并避免 REDD+活动产生负面的溢出效应。尽管达成的《坎昆协议》关于 REDD+的决定并未涉及融资方式，但是 REDD+试点活动得到了财政支持。

七、第 17 次缔约方会议——"德班平台"

2011 年 11 月 28 日至 12 月 9 日，联合国气候变化第 17 次缔约方会议和《京都议定书》第 7 次缔约方会议在南非德班举行。大会通过决议，建立了德班增强行动平台特设工作组即"德班平台",负责在 2015 年前制定一个适用于所有《公约》缔约方的法律工具或成果;决定实施《京都议定书》第二承诺期;启动了绿色气候基金(Green Climate Fund, GCF);明确了 2020 年后进一步加强公约实施的进程。

德班气候大会通过了土地利用、土地利用变化和林业及清洁发展机制等技术规则。《京都议定书》下的发达国家在其第二承诺期,造林、再造林、毁林和森林管理活动产生的碳源/碳汇变化情况必须强制纳入核算,植被恢复、牧地管理、农田管理和湿地管理活动产生的碳源/碳汇变化可自行选择决定是否纳入核算。针对减少发展中国家毁林排放议题的决定,发达国家将根据实施结果,通过多边、双边、公共和私营等多渠道为发展中国家减少毁林排放提供资金支持,并就资金支持方式和程序继续讨论;针对相关技术方法,同意就实施活动时如何遵守保护生物多样性、社区参与原则,通过发展中国家信息通报等方式定期提供信息,以及根据 IPCC 相关技术指南评估减少毁林排放等行动效果等内容。

八、第 21 次缔约方会议——《巴黎协定》

2015 年年底,在巴黎召开的第 21 次缔约方会议圆满完成了德班平台谈判授权,达成了具有里程碑意义的《巴黎协定》,开启了全球气候治理的新纪元。有超过 150 个国家的元首或政府首脑出席巴黎气候大会并发表演讲,参加的级别和规模为历史之最。《巴黎协定》的主要目标是将 21 世纪全球平均气温上升幅度控制在 2℃以内,并进一步努力将全球气温上升幅度控制在前工业化时期水平之上 1.5℃以内,内容包括"长期目标""气候资金""行动力度""透明度"和"适应(行动)"五大核心要素,是 20 年公约进程下得到的最广泛支持的合作协议。《巴黎协定》既给予各缔约方"自主决定"的灵活性,又通过建立"全球盘点"机制不断提高行动力度,以弥补"自下而上"承诺与实现温控目标要求之间的差距。

2016 年 4 月 22 日在联合国总部举行了《巴黎协定》的签署仪式,这是迈出协定落实的第一步。我国国务院副总理张高丽代表中国在协定上签字。《巴黎协定》将在至少 55 个《公约》缔约方交存其批准、接受、核准或加入文书之日后第 30 天起生效,这些缔约方的温室气体排放量应不少于全球总排放量的 55%。《巴黎协定》正式生效后,将成为继《京都议定书》后第二个具体法律约束力的协定。《京都议定书》只规定了发达国家在 2020 年前两个承诺期的减排承诺,而《巴黎协定》包括了发达国家和发展中国家对 2020 年后全球气候变化治理的制度性安排。

由于森林在应对气候变化中发挥着重要的作用,因此,参加巴黎气候大会的各方代表一致同意将森林作为 2020 年后减缓气候变暖的重要手段,并且将森林作为单独的条款纳入《巴黎协定》第五条。鼓励缔约方采取行动,并支持减少毁林和森林退化造成的碳排放所涉活动采取的政策方法和积极奖励措施，以及通过森林可持续管理提高森林碳储量的方法；同时重申实施这些行动时应奖励与这种方法相关的非碳效益的重要性。

今后的联合国气候变化谈判将围绕全球气候协议《巴黎协定》的执行和落实细节展开磋商。例如，明确 2020 年开始定期提交的"国家自主贡献"的具体内容及如何到 2023 年对气候行动进行全球盘点；如何落实发达国家加强对发展中国家的资金、技术和能力建设方面的支持，并兑现相关承诺，这是发展中国家关注的问题，也是需要优先解决的问题；资金方面是如何制定切实的路线图，以实现在 2020 年之前每年共同为减缓和适应气候变化提供 1000 亿美元的资金目标，以及如何对这些支持资金进行核算；如何实现《京都议定书》多哈修正案的减排目标，以及《巴黎协定》其他相关条款的执行和落实。

2016 年 11 月 4 日，《巴黎协定》正式生效。截至 2016 年 11 月 18 日，已经有 111 个国家批准了该协议，且这些国家的温室气体排放量超过了 75%。11 月 17 日，在马拉喀什召开的第 22 次缔约方会议（COP22）通过了《马拉喀什行动宣言》，重申支持《巴黎协定》。

第五节　REDD+对减缓气候变化的重要性

森林构成了全球碳循环的基本要素，在减缓全球气候变化中具有双重作用（姜春前，2013）：通过植树造林、森林可持续管理和森林保护及植被恢复等途径，提高森林对大气中 CO_2 的吸收能力，发挥着碳库的作用；又由于毁林和森林退化的发生，森林固定的碳被释放到大气中去，成为一个重要的温室气体排放源。正是由于森林在全球碳平衡中发挥着重要的碳源/碳汇作用，林业成为联合国气候变化谈判中一个重要的议题。在联合国气候变化谈判中主要的涉林议题包括土地利用、土地利用变化和林业（LULUCF）；清洁发展机制（CDM）；减少发展中国家毁林和森林退化所致排放，森林保护、森林可持续管理和提高森林碳储量（REDD+）。

联合国气候变化谈判明确了林业在减缓气候变化中的作用。《京都议定书》第 2.1 条款中提出通过森林可持续管理、造林和再造林等减缓措施减少温室气体排放，且第 3.3 条款中明确提出报告 1990 年以来因造林、再造林和毁林而引起的碳储量变化（UNFCCC，1997）。因毁林涉及的基准线、泄漏和方法学等问题还存在很大争议，最终在《马拉喀什协定》谈判中，未将毁林作为第一承诺期合格的清洁发展机制（CDM）项目纳入实施（UNFCCC，2001）。然而，由于毁林和森林退化引起的碳排放将直接引起全球碳平衡的变化，在以后的联合国气候变化谈判中逐渐将毁林和森林退化等一系列的议题纳入谈判进程中，并在 2013 年的华沙气候大会上通过了"华沙 REDD+框架"。

毁林和森林退化已经成为全球温室气体排放的第二大排放源。联合国粮食及农业组织（FAO）估计（FAO，2010），全球森林面积是 40.33 亿 hm²，约占陆地面积的 31%；森林生物量碳储量是 289Gt C，粗木质残体和枯落物中碳储量为 72Gt C，土壤碳储量是 292Gt C，森林生物量碳储量约占全球森林生态系统碳储量的 44%。2015 年全球森林资源评估报告结果显示（FAO，2015），1990～2015 年发生的毁林面积约为 1.29 亿 hm²，相当于森林面积年均净减少 0.13%，与整个南非面积相当。尽管如此，森林年均损失率已经从 20 世纪 90 年代的 0.18%下降至近 5 年的 0.08%，2010～2015 年森林年毁林面积为 760 万 hm²，而年增长量为 430 万 hm²，因此全球森林面积净减少量为 330 万 hm²。全球毁林主要发生在热带地区，尤其是南美洲和非洲。其中，2010～2015 年毁林面积最多的主要有巴西、印度尼西亚、缅甸、尼日利亚、坦桑尼亚、巴拉圭、津巴布韦、刚果（金）、阿根廷和委内瑞拉等国家。其中，巴西年毁林面积达到 98.4 万 hm²，占到 2010 年林地面积的 0.2%。

绿色低碳发展已经成为国际社会经济发展的潮流，这也为林业的可持续发展带来了机遇。森林管理的方式和途径对减少毁林、森林退化、提高森林质量和应对气候变化的能力具有重要的推动作用，且对实现绿色可持续发展发挥积极作用。此外，减少毁林和森林退化是温室气体排放领域最直接且具有成本效益的途径。因此，REDD+的议题成为联合国气候变化谈判的重要内容而备受关注。为此，本书在介绍 REDD+的形成与发展历程基础上，围绕着 REDD+涉及的 FRL/FREL、"三可"和融资等关键问题及国际上已实施的 REDD+项目开展研究，研究成果以期为国家政府决策者提供参考。

第二章 REDD+的形成与发展

森林生态系统在全球碳平衡中起着重要的作用，其碳储量变化将会对大气中 CO_2 浓度产生重要影响。毁林直接导致森林覆盖的消失，储存于森林中的巨大生物量碳将被迅速地释放到大气中，同时土地利用变化导致的毁林还将引起森林土壤碳的大量排放。即使造林、再造林增加了森林碳储量，但由于巨大的毁林面积，毁林和森林退化仍是一个重要的温室气体排放源。因此，如何减缓并遏制毁林和森林退化，提高森林碳储量成为联合国气候变化谈判的一个重要内容。

第一节 REDD+的发展历程

一、REDD+的形成

为借鉴《京都议定书》的灵活机制，从发达国家获得资金，提高本国获得实施相关项目成本的机会，2005 年《公约》第 11 次缔约方会议（COP11）上，应巴布亚新几内亚和哥斯达黎加等热带地区发展中国家的提议，"减少发展中国家毁林所致碳排放：激励行动的政策和方针"被列入大会临时议程（UNFCCC，2005）。自 2005 年的 COP11 开始，各缔约方通过缔约方会议和附属科技咨询机构（SBSTA）针对激励机制和方法学问题开展了一系列的讨论和谈判，涉及范围十分广泛（UNFCCC，2006a，2006b）。

2007 年的《公约》第 13 次缔约方会议（COP13）期间，同意将 RED 的范围扩展到减少发展中国家因毁林和森林退化所致排放（REDD），同时在中国、印度和非洲集团强烈要求下，最后将森林保护、森林可持续管理和提高森林碳储量纳入该议题谈判中，推动了 REDD+议题的形成（表 2-1，图 2-1）。随着谈判的深入，这个议题由最初的仅仅关注发展中国家的毁林排放（RED），扩展到了包括减少森林退化导致的排放（REDD），以及森林保护、森林可持续管理和提高森林碳储量（REDD+）。1/CP.13 号决定和 2/CP.13 号决定，承认发展中国家减少毁林和森林退化所致排放量的重要性及森林保护和森林可持续经营提高森林碳储量的作用。缔约方同意在 SBSTA 讨论 REDD+的方法学问题。REDD+从 2005 年的提出一直到 2007 年，主要处于对 REDD+认识的提高、内涵和外延的扩展及方法学的讨论阶段，2007～2009 年主要是就激励机制和政策进行谈判，2010～2014年主要就驱动力机制、保障措施、资金机制及方法学问题进行讨论。

表 2-1　REDD+形成和发展过程

时间	会议	提议和决定	范围
2005 年	COP11	提议：减少发展中国家毁林排放：激励行动的方针	RED
2007 年	COP13	决定：承认发展中国家减少毁林和森林退化所致排放量的重要性及森林保护、森林可持续管理和提高森林碳储量的作用	REDD
2007 年	COP13	"减少发展中国家毁林排放等行动的政策手段和激励措施"作为减缓措施纳入《巴厘行动计划》	REDD
2009 年	COP15	决议：立即建立包括 REDD+在内的机制，为这类措施提供正面激励，促进发达国家提供援助资金的流动	REDD+
2010 年	COP16	决议：包括 REDD+范围、原理和保障措施，同意分阶段的方法开展 REDD+活动，但未涉及融资机制	REDD+
2011 年	COP17	决议：REDD+驱动力、方法学指南和资金援助程序问题，建立森林资源监测系统，资金机制	REDD+
2013 年	COP19	通过"华沙 REDD+框架"	REDD+

图 2-1　REDD+的范围及其发展

二、REDD+议题的重要成果

　　自 2005 年巴布亚新几内亚和哥斯达黎加提出将减少热带发展中国家的毁林所致排放纳入谈判议程以来，与会的各缔约方主要就该议题的范围、政策框架和激励机制、驱动机制、相关的方法学及资金机制等方面的内容进行了讨论，这些都是 REDD+议题需要解决的问题。表 2-2 是 REDD+谈判的重要进展和取得的主要成果。

表 2-2　全球气候谈判中关于 REDD+的关键活动和成果

时间	关键活动和成果
2005 年 12 月	以哥斯达黎加与巴布亚新几内亚为首的雨林国家联盟在加拿大蒙特利尔举行的 UNFCCC 大会上提出了 RED 机制。这个提案得到了广泛支持,并建立了一个联络组,开始了一个为期 2 年的探索可行选项的过程
2006 年 5 月	根据 UNFCCC 各方提交的信息,在附属科技咨询机构(SBSTA)的一次会议上,国际社会开始考虑如何把这个提案纳入未来的气候变化谈判中
2006 年 8 月	首个 UNFCCC 的发展中国家 RED 研讨会在意大利罗马举行。与会者讨论了科学问题及政策方法
2006 年 10 月	关于"气候变化的经济学"的《斯特恩报告》建议"避免毁林的措施"(RED)应该纳入全球气候政策中
2007 年 9 月	澳大利亚和印度尼西亚建立了加里曼丹森林与气候伙伴关系,最初由澳大利亚提供 3000 万澳元的资助,从而在印度尼西亚加里曼丹中部发展和实施一个大规模的 REDD 示范项目
2007 年 12 月	在印度尼西亚巴厘岛举行的 UNFCCC 第 13 次缔约方会议上,REDD+机制得到正式认可。《巴厘行动计划》包括了"关于与发展中国家减少毁林和森林退化造成的排放问题有关的政策手段和正向激励措施;以及在发展中国家开展保护、森林可持续管理和提高森林碳储量的作用"
2008 年 4 月	关于 REDD 的谈判被纳入 UNFCCC 的 AWG-LCA 小组及 SBSTA 内进行
2008 年 6 月	世界银行的森林碳伙伴基金开始运作,提供资金从而帮助发展中国家准备、评估和试验 REDD 活动
2008 年 7 月	为支持把 REDD 纳入后京都机制的国际对话,联合国环境规划署(UNEP)、联合国开发计划署(UNDP)以及联合国粮食及农业组织(FAO)联合启动了 UN-REDD 项目
2008 年 8 月	巴西建立了一个为亚马孙地区减少毁林提供资助的国际基金,它着眼于到 2021 年筹措到 210 亿美元的资金。该基金第 1 笔 1 亿美元的承诺资金来自挪威
2008 年 12 月	UNFCCC 在波兰波兹南举行了气候谈判。在各种边会及联合国正式议程之外有很多关于 REDD 的讨论,该议题被扩展为 REDD+
2009 年 4 月	在德国波恩举行的 UNFCCC 气候会谈上讨论了 REDD+理念
2009 年 6 月	非洲 30 多个国家的环境部长计划采纳《内罗毕宣言》,包括为通过可持续土地管理减少碳排放活动提供激励资金的必要性
2009 年 12 月	UNFCCC 在丹麦哥本哈根举行第 15 次缔约方会议,通过了不具法律约束力的《哥本哈根协议》,呼吁立即建立包括 REDD+在内的机制,并提出建立绿色气候基金作为缔约方协议的金融机制的运作实体
2010 年 5 月	奥斯陆会议期间,建立了一个临时性的 REDD+伙伴关系,旨在利用筹集的资金帮助发展中国家实施 REDD+活动,同时支持和促进联合国气候变化公约谈判进程。共有 58 个合作伙伴,对 2010~2012 年 REDD+筹资捐额达 45 亿美元
2010 年 12 月	UNFCCC 在墨西哥坎昆举行第 16 次缔约方会议,达成《坎昆协议》,通过了包含 REDD+和 LULUCF 在内的一揽子决议
2011 年 11~12 月	UNFCCC 在南非德班举行第 17 次缔约方会议,会议达成了一揽子会议,包括:继续《京都议定书》第二承诺期,于 2013 年开始实施;正式启动了"绿色气候基金",成立基金管理框架,以尽快为发展中国家开展减少毁林排放等行动及森林可持续管理等提供资金支持
2013 年 11 月	"华沙 REDD+框架",明确了发达国家通过《公约》下的"绿色气候基金"和其他多种渠道为支持发展中国家实施 REDD+活动提供新的、额外的、充足的和可预见的资金支持,"绿色气候基金"等资金实体将依据各方在《公约》下谈判制定的技术指南为 REDD+活动提供资金支持,各国实施各阶段的 REDD+活动都有平等获取资金支持的权利
2014 年 12 月	产生了一份《巴黎协议草案》;就 2020 年国家气候行动计划信息披露达成一致,并在 2015 年提交自主减排方案。大会明确了 REDD+的保障措施,并发布了卫星森林监测和碳测绘地图等新技术;宣布在 UNFCCC 官网上建立一个"信息中心"
2015 年 12 月	通过了继《京都议定书》之后在人类应对气候变化历史上又一个具有法律约束力的国际协议《巴黎协定》,开启了 2020 年后全球治理气候变化的新格局。REDD+内容被作为单独的条款纳入《巴黎协定》

（一）第 11 次缔约方会议

2005 年的第 11 次缔约方会议，巴布亚新几内亚和哥斯达黎加等国主要出于增加本国实施相关项目的机会考虑，联合向《公约》秘书处提出将毁林纳入谈判的建议，后被列入当年在加拿大召开的 COP11 的临时议题。此后，该议题在附属科技咨询机构（SBSTA）第 24、25、26 次会议和 COP12 及于 2006 年 8 月、2007 年 3 月分别在意大利和澳大利亚召开的专题研讨会上进行了多次谈判和讨论（UNFCCC，2006c，2006d，2006e，2007b）。达成的共识是：任何减少发展中国家毁林的政策框架和激励机制，都应有助于实现《公约》的最终目标，并应在自愿原则下进行。鉴于发展中国家的技术、能力和资金有限，发达国家应为发展中国家减少毁林活动提供激励。

（二）第 13 次缔约方会议

2007 年的巴厘岛会议主要就激励的范围、早期行动提供指南及为早期示范活动提供资金等方面展开讨论（UNFCCC，2007b）。在激励范围方面，非洲刚果盆地的国家主张减少毁林和森林退化应该在提案中同时出现，该提议得到日本和美国的支持，但在开始遭到巴西反对，但讨论的后期巴西表示同意，中国也表示同意该提议。印度主张将森林保护和增加森林面积纳入议题的范畴，该提议得到中国、哥斯达黎加、非洲国家和东南亚国家（如泰国、马来西亚等）的支持，但是非洲国家在其森林退化提议得到认可后则保持沉默，巴西对此提出反对。美国保持中立态度，欧盟和其他伞形集团国家则未明确表态。最终在将森林保护改为森林可持续管理时才被大多数缔约方接受。在早期示范活动指定指南方面，起初欧盟提出通过指导性模式推动市场机制，并且将减少毁林获得的核证减排量（CER）用于发达国家履约，并试图通过该议题逐步推进发展中国家的部门减排，而巴布亚新几内亚等小国想利用该模式扩大资金来源，最终在各方努力下将指导模式改为指导原则并和方法学问题整合在一起于今后讨论。在资金问题方面强调发达国家应承担相应义务，不为早期行动制定指南。在各方的共同努力下，最终达成了将森林保育、森林可持续管理和提高森林碳储量等内容纳入谈判议题，但在未来减排行动方面还需要继续讨论。

（三）第 15 次缔约方会议

2009 年 12 月在丹麦哥本哈根举行了缔约方第 15 次会议。哥本哈根会议主要是根据《巴厘路线图》和有关《公约》决议规定，再次重申了减少毁林和森林退化所致碳排放的重要性，提高森林碳储量，建立包括 REDD+在内的机制，并提供正面激励，促进发达国家提供资金援助。谈判主要涉及目标、原则、行动范围，实施手段，行动的可测量、可报告和可核实的"三可"问题，支持"三可"和制度安排等 5 个内容（UNFCCC，2009）。

目标方面，以欧盟集团的发达国家提议到 2020 年经各方努力使发展中国家毁林至少减少 50%，2030 年要停止发展中国家毁林。然而大多数发展中国家认为在资金无保障的前提下，确定减排目标没有意义。关于原则方面，是否列出遵循《公约》第 4.3 条款，美国和欧盟不赞成列出该条款，发展中国家认为出资是发达国家的义务，应强调该条款。关于 REDD+范围方面，协议明确 REDD+包含森林保护、森林可持续管理和提高森林碳储量的内容。关于实施手段，是否包括在次国家水平上实施？关于行动和资金的"三可"未能达成一致。

关于森林管理活动、碳储量变化的核算方法及是否对可利用的森林管理活动产生的碳汇进行设限，发展中国家在让步的情况下，以欧盟的参考水平方式来改善现行的核算方法，但仍需对其设限。在技术和方法学方面达成共识：为了建立参考水平，通过建立良好的监测系统，开展相应的研究和能力建设；进一步完善相关的技术指南。

《哥本哈根协议》谈判进程的结果表明，作为本次会议谈判取得的唯一实质性进展的亮点——林业中的 REDD 议题，已经受到了各缔约方的极大关注。《哥本哈根协议》对建立 REDD 内在机制及为建立这种机制提供正面激励，促进发达国家提供资金援助的必要性的强调意味着 REDD 议题将成为未来 CDM 林业国际制度改革的内容之一。虽然没有就 REDD+达成一致，但各方就 REDD+的行动范围、阶段性实施方法、指导原则、基线参考水平与实施规模等方面达成了一定的共识。

（四）第 16 次缔约方会议

2010 年年底，坎昆气候变化会议有两个方面取得一定的突破：首先，在资金问题上，也就是发达国家快速启动资金，2010～2030 年 300 亿美元，现在已经基本落实到位了，可能发展中国家要给予妥协，本来这 300 亿美元资金应该是额外的，但是现在发达国家将其一些常规的官方开发援助（Official Development Assistance，ODA）也包括在其中，发展中国家要做一些妥协。其次，发达国家要求发展中国家自主的减排行动，也要接受国际磋商与分析。按照《巴厘路线图》的规定，发展中国家自主减排行动属于自主行动，不需要接受国际磋商和分析，要接受国际磋商和分析的是发达国家提供给发展中国家的资金和技术部分。

《坎昆协议》认为，发达国家应通过多边和双边渠道积极为发展中国家开展实施减少森林排放及保护和增加森林碳储量的行动提供资金和技术支持；在获得资金和技术支持后，发展中国家要根据国情和能力，制定国家战略或行动计划，在国家或次国家层面上，针对核算减少森林排放及保护和增加森林碳储量的行动效果，建立国家级森林参考水平（即基准线），建立稳固透明的森林碳监测体系，积极开展减少因毁林、森林退化引起的碳排放，以及保护和增加森林碳储量的行动；发展中国家应根据国情、能力和获得的支持分阶段开展林业活动，即制定战略计划。《坎昆协议》中关于REDD+议题的决定，主要确定了REDD+活动激励机制和政策措施的基本框架，但如何衡量发展中国家采取的REDD+活动对减缓气候变暖的贡献，涉及如何建立森林碳监测体系及其参考水平（即基准线）来测量、报告和核实这些行动导致的碳源/碳汇变化，如何建立透明和有效的国家森林政策体系以保障实施REDD+活动能为减缓气候变暖产生真实、持久的贡献，将继续成为今后谈判的方向和重点。

（五）第 17 次缔约方会议

2011 年在南非德班会议上主要就 REDD+的驱动力因素、保障措施、相关的森林参考水平指南等方法学及资金机制等方面进行了讨论。德班会议进一步通过了关于 REDD+活动激励政策机制和相关技术方法等议题的决定，在如何设置参考排放水平、界定如何测量林业行动的减排等方面取得了进展，在社会与环境保障措施方面也有所考虑，但是对于长期资金的来源仍然没有进展，同意就制定资金支持具体方式和程序等问题进一步谈判（UNFCCC，2011a）。

2011 年德班会议对《京都议定书》第二承诺期作出安排；启动了绿色气候基金，但在执行方面还缺乏相应的机制；此外发达国家在提供资金和技术方面表现得也不积极。发展中国家在执行 REDD+活动、建立参考水平和参考排放水平、方法学、如何处理毁林和森林退化驱动力及建立国家森林监测系统等方面也面临着一些挑战。

（六）第 18 次缔约方会议

2012 年围绕着德班决议的落实进行讨论和磋商，并于 2012 年 11 月在卡塔尔多哈召开了第 18 次缔约方会议。主要就长期气候基金、《公约》之下长期合作行动特设工作组成果、德班平台落实等内容进行讨论，并达成一致意见。有关 REDD+议题的讨论主要包括资金支持、森林监测体系和技术方法。

发达国家如果为 REDD+活动提供长期和可持续的资金支持，那么受金融危机等多种因素影响，很难履行向发展中国家提供资金支持的责任，所以希望通过碳交易的市场机制解决；然而，多数发展中国家人为通过碳交易的市场机制解决 REDD+的资金存在不稳定因素，它们对碳交易的规则缺乏了解，很难维护自身利益，且发达国家将自身的减排责任转嫁给了发展中国家。

在监测体系方面，发达国家为发展中国家提供资金支持的前提是 REDD+的行动必须是可测量、可报告和可核实的。然而，要做到这点需要发展中国家建立监测体系，在技术能力和成本方面都限制了发展中国家的参与。

（七）第 19 次缔约方会议

2013 年在波兰华沙气候大会上通过了"华沙 REDD+框架"等一揽子决议，共包含 7 项主要内容：明确发达国家通过《公约》下的绿色气候基金及其他渠道支持发展中国家 REDD+活动的资金支持；为确保 REDD+活动效果，制定实施 REDD+活动的国家战略；研究毁林和森林退化的驱动力；发展中国家建立森林监测体系，尤其是监测天然林的碳储量变化，同时向《公约》秘书处提交监测结果；提高 REDD+活动的技术能力；REDD+活动实施过程中，保护好生物多样性；保障当地人的森林权益。

（八）第 21 次缔约方会议

2015 年 12 月 12 日在法国巴黎通过了具有历史意义的全球气候变化的国际新协议，即《巴黎协定》。《巴黎协定》代表了人类应对全球气候变化挑战的一个新的里程碑，它是 2020 年后全球共同应对气候变化行动作出大幅减排温室气体的制度安排。

REDD+内容被作为单独条款纳入《巴黎协定》，且《巴黎协定》也有专门内容指出资金对于发展中国家落实 REDD+活动以减缓和适应气候变化的重要性。鼓励缔约方采取行动落实在《公约》中已经确定的有关 REDD+的有关框架和内容；并且强调奖励与执行和支持替代政策方法相关非碳效益的重要性。

《巴黎协定》应在不少于 55 个《公约》缔约方，且其温室气体总排放量至少占全球总排放量约 55%，缔约方交存其批准、接受、核准或加入文书之日后第 30 天起生效。

近几年来，联合国气候变化谈判中林业议题的碳汇计量和监测方法学、资金机制和技术转让等内容一直是谈判的焦点问题。发达国家认识到 REDD+议题对减小国内温室气体减排压力的重要作用，而发展中国家也希望通过发达国家的资金和技术来提高森林经营管理能力及森林应对气候变化的技术能力，推动国内林业的发展。因此，未来联合国气候变化谈判关于 REDD+议题的讨论还将继续。

第二节 REDD+议题的主要观点

REDD+议题谈判的焦点问题主要是资金机制、技术支持、政策及关于"三可（Monitoring，Reporting，Verification，MRV）"相关的问题。我们分析了美国、日本、新西兰、欧盟等主要发达国家及地区和印度尼西亚、巴西、南非、巴拉圭等发展中国家对这些关键技术问题的主要观点。

一、发展中国家和发达国家的立场

大多数国家普遍认为，导致发展中国家毁林、森林退化的驱动力主要与人口增加导致的农业扩张、消费增长、城市化、基础设施建设、贫困等因素相关。遏制驱动力的根本措施在于发展中国家提高可持续发展能力、减贫、加强执法、改进治理等，应该从当地、国家和国际层面上识别和遏制导致发展中国家毁林、森林退化的驱动力。通过融资机制帮助发展中国家开展建立国家森林监测系统、制定国家战略行动计划和构建国家森林参考（排放）水平等行动，促进知识转让和加强发展中国家的能力建设。大多数国家支持建立森林监测体系需充分依据发展中国家现有基础，不要给它们增加过多负担。

许多发展中国家强调资金对开展 REDD+ 项目活动的重要性，应在公平和"共同但有区别"原则的基础上就 REDD+ 机制的建立达成一致。发展中国家在发达国家资金和技术援助的前提下，应开发相应的方法学、实施国家战略行动计划、促进可持续发展、提高社区居民生活水平和保护生物多样性等。

发达国家则更多地强调技术和方法学的重要性，强调通过碳交易等市场机制提供资金的重要性，强调资金支持必须确保实施行动取得实效，并有效遵循保护生物多样性等原则。关于资金支持的具体程序将专门讨论。在制度框架方面，支持建立全面综合的 REDD 评估体系。强调建立参考水平的重要性，并且开发建立参考水平的技术和方法学。

二、2010 年各方主要观点

（一）美国

美国主要强调监测系统和方法学对于未来 REDD 机制的重要性。认为应该在全面综合测量和监测方法框架下对 REDD 进行评估。在方法学方面，美国和其他缔约方一样，强调 REDD 方法及其监测必须以《土地利用、土地利用变化和林业优良做法指南》（GPG-LULUCF）为基础，方法和技术对于评估和监测 REDD 非常重要；强调设定参考排放水平方法的重要性；同时注意考虑泄露及其解决办法。

（二）日本

森林退化应该包含在 REDD 计划中，对人工恢复退化的森林进行核算是合理的；奖励通过 REDD 活动实现减排效果的行动；给毁林设定参考水平对未来进行预测。

（三）新西兰

新西兰同美国一样，希望建立一个全面、透明和健全的框架。另外，新西兰还建议开发国家水平上的 REDD 机制，该机制要尊重参与国的国家主权，确保减排的真实平等性；具有足够的灵活机动性以便各类强制市场、资金和自发行动可以发生相互作用；避免重复计算。另外，支持实施该机制能力建设的资金方法设定参考排放水平要考虑国际社会认可的过程方法，以及该机制和《京都议定书》相关条款的关系。

（四）欧盟

在资金机制方面，欧盟认为 REDD 是森林保护的一种行动，鼓励富裕国家向贫穷国家提供资金援助，但需要成立相应的监测机构，使资金援助更加透明和高效地分配，且可以避免资金的重复。

（五）挪威

同其他发达国家一样，为了制定有效的 REDD 国家战略，挪威支持建立全国的森林监测框架。挪威认为未来的 REDD 体系可以包括造林和再造林，并可以分成三个阶段。在方法学方面，挪威也认为参考水平的建立很重要，但要考虑不同国家的国情，方法应该简单灵活，建议设定全球参考水平。在保障措施方面，考虑 REDD 机制应促进生物多样性保护和当地社区居民的参与。

（六）南非

南非主要针对国家信息通报和"三可"问题表明自己的立场和观点：发展中国家应该每两年提交一次温室气体（GHG）清单报告；发展中国家使用自身资源开展的减缓行动应该通过国家信息通报的形式进行报告，还可以自愿选择使用本国资源登记已采取的行动，但这样它们便无法寻求多边支持；要在多边统一的指导方针下进行核查。

（七）巴拉圭

巴拉圭代表洪都拉斯、墨西哥、巴拿马和秘鲁等国家提出议案。在制度框架方面，要确保在国家发展整体框架下成功实施 REDD 活动，许多发展中国家的制度能力需要得到加强。在资金方面，对 REDD 活动的资金支持应充足、稳定和可预见。因此，REDD 活动的规模和范围应首先取决于国家能力和可用资金。在方法学方面，巴拉圭希望形成一种针对国家 REDD 活动的前进方法，可以由各国选择国家参与还是地方参与。通过项目来解决泄露的问题，应该对泄露进行评估、监测、量化和独立检查。应该从已核实的估算减排量中扣除泄露量，因此可以鼓励项目开发者尽量减少泄露。

（八）阿根廷

阿根廷认为对发展中国家设定减排目标依赖于发达国家提供的资金援助；建

立的参考水平和技术方法应该是国家水平的；应该使用基于阶段的过程模型方法，应根据每个国家的阶段提前制定减排机制；REDD+活动不应纳入国家适当减缓行动（National Appropriate Mitigation Action，NAMA）；《公约》之下长期合作行动特设工作组文件中提及的社会和环境安全应作为"三可"的体系。

（九）印度尼西亚

印度尼西亚认为有关REDD的政策手段和积极的激励机制是《巴厘行动计划》中加强减缓行动一个必不可少的内容。发展中国家应根据国情制定实施可持续发展战略，同时强调发展中国家的行动水平依赖于发达国家提供的技术推广和转让、能力建设和资金等方面的支持。因此，强调应通过在《公约》框架下建立新的补充性资金技术机制以确保减缓行动的可监测、可报告和可核实（MRV）。需要继续就MRV的问题进行研究，以便进一步落实《巴厘行动计划》。

三、2011 年各方主要观点

发达国家主要强调方法学和技术方面；大多数发展中国家认为减少毁林要和可持续发展目标相一致，考虑公平性的问题，发达国家应在能力建设、技术转让和资金方面支持发展中国家开展活动。

（一）美国

美国支持建立一个全面综合的测量和监测体系，以提高环境完整性；关于REDD的实施尺度可以是国家水平也可以是次国家水平的。

（二）日本

日本建议建立国家的森林资源状况监测和评估体系，设立参照水平，同时预测未来的毁林和相关排放情况；人工造林可以通过固定大气中的碳实现减排目标，因此可以作为REDD措施的一项重要内容。不支持在国家层面上考虑泄漏问题。

（三）欧盟

欧盟对REDD机制下的方法学与政策问题进行了较多的探讨，主要包括REDD活动应该是在国家水平开展的，以减少泄漏和排放转移为目的；市场机制是实施REDD最有效的方法，REDD下产生的碳信用可以进入市场；为保证科学性和真实性，REDD活动应该是可监测、可报告和可核实（MRV）的，而这正是发展中国家所强烈反对的。

（四）挪威

挪威支持 REDD 活动分阶段实施：第一，筹备、制定国家策略和示范活动阶段；第二，政策和措施实施阶段；第三，转化为碳信用的市场阶段。REDD 应和 NAMA 联系起来。

（五）澳大利亚

澳大利亚强调市场机制的重要性。提出建立森林碳市场机制，其中包括减少因毁林和森林退化造成的排放及通过造林和再造林活动产生的增汇，今后可将土地部门也纳入 REDD 机制中。认为市场机制是处理减少发展中国家毁林和森林退化排放的最有效的方法。因而处理毁林排放的方法学要集中在支持基于市场的途径上，这些方法学要确保减排的可靠性及处理问题的持久性、额外性和减少泄露。需帮助发展中国家做充足的准备并进行能力建设，以确保它们具备参与森林碳市场机制的能力，包括帮助发展中国家进行碳监测和碳核算、政策制定及机构能力建设等。

（六）小岛国联盟（AOSIS）

AOSIS 提议森林保护（保育）的资金应来自 REDD 基金和适应资金。

（七）巴西和哥伦比亚

巴西和哥伦比亚都提出建立一个基金。巴西提议建立一个自愿基金，由发达国家在现有资助活动的基础上，另行提供新的资金援助。发展中国家只要公开透明地提交其已经减少毁林造成的温室气体排放的可信证据，就可以获取事后的经济激励。应在国家层面开展减排核算，并根据各个国家所完成的减排量按比例分配激励。巴西认为参考排放率（reference emission rate，RER）是指自执行《联合国气候变化框架公约》（UNFCCC）机制后前 10 年内的平均砍伐率，以后定期更新。哥伦比亚提出建立一个气候变化特别基金，为 REDD 项目下的相关活动、项目和措施提供资金，该特别基金可作为全球环境基金中气候变化焦点地区专用资金和其他双边和多边融资手段的补充。

（八）印度

印度提出了一项"补偿保护"机制，即对采取保护措施、森林保护和增加森林覆盖的国家也提供奖励，对保护碳储量的补偿也不应是单个发展中国家的自愿行为，因为这样就使得该补偿带上了"捐赠"的性质。在方法学方面，印度认为估算森林保护和可持续经营的碳储量变化与估算 REDD 碳储量变化的方法学应该一致。

（九）印度尼西亚

印度尼西亚主要强调了 REDD 活动的定义，认为应对毁林确定一个单一定义。此外，其认为能够获得补偿的自愿行为应包括增加次生林的种植面积，通过避免将森林转为其他用途、减少毁林和薪材使用而减少碳排放及通过森林保护来提高碳储量。

基于我国的国情和林情，研究认为，我国毁林和森林退化的主要驱动力是基础设施建设，非法采伐导致的毁林现象很少。REDD+议题将会对我国林产品贸易和森林可持续经营等方面产生影响。我们需要加强 REDD+监测和评估能力的建设，支持开展示范活动，获取信息和经验。

四、2014 年各方主要观点

2014 年的利马会议主要明确了 REDD+的保障措施，并公布了卫星森林监测和碳测绘地图等新技术。为此，利马会议缔约方主要针对保障措施提出案文意见（UNFCCC，2014a，2014b，2014c，2014d）。缔约方就 REDD+保障措施信息系统要实现透明性、一致性、全面性和有效性的原则达成一致意见。

（一）美国

美国认为解决和重视 REDD+的保障措施是复杂的，相应的信息也复杂，需要考虑不同层次的信息类别。例如，实施行动应在与国家森林规划、相关的国际公约和协议目标一致的情况下，或者在考虑国家立法和主权情况下，尊重原住民和当地社区成员的权利，充分考虑相关国际义务、国际环境和法律的情况或者在当地社区参与的条件下进行。在上述信息分类中，保障措施如何被解决和被重视，并且在国家森林规划或行动计划中，相关的法律、政策或承担的国际义务发生改动或作出新的承诺的情况下要更新信息，在需要信息的时候需清楚这些信息来自哪些资料或规划。

（二）欧盟

欧盟希望通过资源激励的方式全面支持落实 REDD+活动，建议缔约方在实施REDD+活动时考虑《生物多样性公约》的 XI/19 决议，可以为 REDD+的生物多样性保护措施提供帮助。

欧盟成员国认为 REDD+保障措施信息系统的设计和方法应该包含国家的环境、政策和功能等是如何影响该系统工作的。在保障措施如何被解决和被重视方面，需要通过国家沟通实现 REDD+/信息中心的网络平台及保障措施体系的透明性、全面性、一致性和有效性等。

（三）挪威

《坎昆协议》（1/CP.16）为 REDD+建立了 7 种保障措施。挪威认为在《公约》框架下的有关 REDD+的决议还是不能决定发展中国家在接受资金资助之前应该提供哪种保障措施类型，因此，有必要进一步细化《公约》框架下的指南。社会环境和治理措施是保障 REDD+成功的可持续因素；需要证明所提供的信息类型是基于《坎昆协议》并证明保障措施是被解决和被重视的；REDD+国家还应该提供根据各自情况它们是如何解读坎昆保障措施的信息。

（四）马来西亚

马来西亚认为保障措施的信息类型应该基于一个国家的环境和能力，并且提供的信息要以国家驱动、一致、透明和全面高效的方式反映保障措施是如何被解决和被重视的。还建议 REDD+的保障信息系统应该包含国家立法、监管政策和规划或者与 REDD+有关的活动及保障措施是如何被解决和被重视的描述。

（五）印度尼西亚

印度尼西亚在对 COP16 决议中的 7 种保障措施转换后开始在国内进行应用，结果表明，REDD+保障措施对于印度尼西亚森林可持续经营没有任何意义。印度尼西亚通过林业部开始了多方评估，并分析现有的各种强制性和自愿性政策。基于 REDD+的保障信息系统发展了一个早期的全国 REDD+保障机制的管辖和保障机制，被称作 PRISAI（Prinsip Kriteria, Indikator Safeguards Indonesia），PRISAI 是根据国家需要开发的，与《坎昆协议》一致。目前 PRISAI 是 REDD+的最低保障框架，该机制有望通过所有参与 REDD+活动的人来实施。

（六）中非森林委员会

中非森林委员会成员国认为当前的保障措施有两个方面需要明确，一是未规定保障措施的具体信息；二是未规定如何才能符合保障措施信息系统所要求的透明性、一致性、有效性和全面性。因此，中非森林委员会建议现有的 UNFCCC 的方法和指南应该包含 REDD+如何被解决和被重视的信息，并建议 REDD+保障措施在不同国情下进行解释，即它们是如何适应特定国家环境和优先权的；方法与指南应该是给发展中国家实施 REDD+支持，而不应将其看作发展的负担；数据收集要尽可能和现有的监测要求及监测报告密切联系。

在文献调研和对谈判案文解读的基础上，本章概述了 REDD+议题的发展历程及各方对 REDD+关键技术问题的主要观点，这对未来 REDD+的研究趋势具有重要指导意义。在联合国气候变化有关 REDD+议题的谈判中，发展中国家普遍关注的是发达国家在履行资金援助和技术支持方面的承诺，发达国家关注的则是如何利用 REDD+活动来减轻国内温室气体减排的压力，发达国家也希望 REDD+项目在碳市场上通过市场机制来解决，但是发展中国家对碳市场交易规则掌握的情况不如发达国家，处于不利的地位，因此，不太赞成这种机制。

由于 REDD+对于减缓全球温室气体浓度变化发挥着重要的作用，并且相对于工业减排具有很好的成本优势，因此，未来联合国关于 REDD+议题的谈判还将继续就资金机制和技术援助，可监测、可报告和可核实（"三可"，MRV）等技术和方法学问题展开进一步的讨论。

第三章　REDD+的相关定义及森林退化评价

减少毁林是一种有效减少温室气体排放的途径。人们日益认识到森林退化与温室气体排放增加是密不可分的，"森林退化"在 2007 年的巴厘岛会议上被承认。巴厘岛决议给出 REDD+范围的宽泛定义，即包括下列活动："减少发展中国家因毁林和森林退化所致排放（REDD），以及森林保护、森林可持续管理和提高森林碳储量（plus，+）"（UNFCCC，2007a）。

第一节　REDD+的相关定义

一、毁林

目前，关于毁林定义的确定主要基于土地覆盖或土地利用的变化，即不仅森林消失，而且还要转化为其他土地利用方式（Lund，2000）。根据《马拉喀什协定》的定义，毁林是指由人类活动直接引起的林地向非林地的转变（UNFCCC，2001），即森林覆盖的永久性消失。该定义中关于毁林的定义包含两个要素：一是森林覆盖永久性消失，不会再出现森林，林地转化为农田、草地、牧场、建筑用地或居民用地等，林地因土地利用发生变化而不会发生逆转，这是毁林活动导致的结果；二是由人类活动直接引起，这就意味着自然因素如自然火灾、病虫害或暴风等造成的森林消失不能归为毁林，这是因为这些林地面积还会经过自然再生或在人类干扰下再生为森林（IPCC，2003）。

二、森林管理

森林管理[①]是指以可持续方式实现森林的生态（包含生物多样性）、经济和社会功能的有关管理及使用林地的活动（UNFCCC，2001；IPCC，2003），即人们通过可持续经营管理的方式来开展林业活动的统称。在《公约》和 IPCC 方法学定义中明确提出森林管理定义的三要素：目标是发挥森林的三大效益，采取的措施是可持续的，并且是一种人为活动。

森林管理是一个可用于国家、地区、森林经营单位和林分水平上的规划、实

---

① 本书采用森林管理（forest management）这种叫法是为了与联合国气候变化谈判中的农田管理和草地管理的叫法一致。

施、监测和控制的概念，相关的概念、方法甚至使用的术语在世界不同地区可能有所差异。经营计划常常是管理森林的一个基本工具，它可以是正式的，也可以是非正式的，甚至在缺乏经营计划时，经营仍可以通过传统方法得到实施。

森林管理是发生在有林地上的林业活动或做法，并不对这些具体的活动和做法作出限定，森林管理包括施肥、灌溉、松土除草、抚育采伐、主伐、更新、采伐剩余物和枯死木管理、病虫害和火灾的预防及经营管理等活动，也包括政策影响。如果这些活动是人为活动导致森林的可持续经营管理，则这些森林可以纳入森林管理活动下进行计量。

第二节　森林退化定义及其评价

一、森林退化定义

森林退化也是人们要面临的严峻问题，尤其是在发展中国家，但目前还很难对其进行定义和评估。不同的利益相关者出于不同的目的对森林退化持有不同的认识和理解。纵观国际组织关于森林退化的定义，森林产品和服务的降低成为定义的基本属性框架。森林退化的定义是复杂的。现在有许多正在使用的定义并不是以清单温室气体排放为目的的。森林退化定义暗示了长期的生产力损失是很难评估的，特别是在土壤、水和景观领域的应用方面，仅有碳储量的减少并不能确定是否为森林退化。例如，抚育、采伐和更新等正常的森林管理活动，减少森林的郁闭度，不会减少生产力或森林的碳储量，事实上可能会增加。

（一）国际组织对森林退化的定义

联合国粮食及农业组织（FAO）最早在关于全球森林资源评估报告中对森林退化作出明确定义和解释（FAO，2001），随后其他许多不同的国际组织（也包括FAO本身）分别从不同角度对森林退化的概念和内涵进行了描述。

FAO（2001）定义森林退化为森林郁闭度或其储量的减少。在通常状况下，森林退化是森林整体供应潜力的长期降低，包括木材、生物多样性和其他任何产品或服务。为协调森林和森林变化定义，森林退化是通过采伐、火灾、风倒等其他事件导致郁闭度或储量的降低，且根据森林定义郁闭度不低于10%，并且用常规的方法可以测量这种变化。该定义并未区分这种变化的驱动因素是自然的还是人为的。

国际林业研究机构联合会（IUFRO）认为，森林退化是森林或者森林土壤在化学、生物或者物理结构方面受到损害，是不正确使用和经营森林的结果，如果趋势没有改善，将降低或破坏森林生态系统的生产潜力。空气污染等外部因素也可能导致森林退化，它更多的是科学意义上的理解，这是该定义与其他定义的主要区别，即更强调由人为导致的退化，注重森林生产潜力的降低。

国际热带木材组织（ITTO）提出，森林退化是森林提供产品和服务能力的降低，同时包括维持生态系统结构和功能的能力（ITTO，2002）。

《生物多样性公约》（CBD，2001）定义森林退化是由人类活动引起的，通常和同一立地的天然林类型相比较，次生林的结构、功能、种类组成或正常的生产力产生损失。在该定义中提出了退化的因素是由人为活动导致的，包含了森林结构变化和森林动态、森林功能、人为因素及参比状态。这些定义的空间尺度处于林分水平或立地水平，而时间尺度则通常是长期的。

IPCC（2004，2007）建议的定义是人类直接活动引起的森林碳储量［森林价值］从时间 T 开始至少损失 $Y\%$，既不是合格的毁林又不是《京都议定书》第 3.4 条款中规定的活动。在该定义中，对森林退化的动力因素、碳储量变化的时间范围和碳储量变化的阈值等问题给出了一个框架。IPCC 给出的森林退化定义是由直接人为活动引起的碳储量变化，是可以依靠定量的、客观的标准进行监测的，并能以严格、透明和可核实的方式进行报告。该定义也确定了除了应该包括所有相关库的碳储量变化及非 CO_2 的排放外，还应该包括森林的其他值和属性或其他植被类型。尽管如此，该定义还未被广泛应用。

从以上定义可以看出，虽然不同国际组织从不同角度对森林退化进行了定义和描述，但其基本内涵是一致的，即森林所提供木质产品和生态服务功能的降低或减少。这一内涵，实质上是从森林退化所产生的结果来理解的，如面积减少、功能降低、结构丧失或者降低、产品产量减少等。FAO（2002）、ITTO（2002）和 CBD（2001）的定义更强调退化的结果，即通过森林结构、物种组成、生产力等的降低导致森林所提供的产品和服务功能衰减。IPCC 更关注碳储量变化，从森林的数量及碳储量变化来分析和评价森林退化。从森林退化原因来看，不同国际组织均强调人为因素，自然因素处于次要地位。

（二）我国对森林退化的理解

森林退化的定义是一个比较复杂而模糊的概念。国际组织对森林退化的定义，从森林退化的基本内涵、主要内容和表现形式等方面，为我国确定森林退化的范围、衡量和评价森林退化的程度提供了参考，为森林退化引起更广泛的关注奠定了基础。然而目前这些定义是对森林退化不同方面的定性概述，即使 IPCC 给出了定量的框架，也因为无法确定被大家认可的阈值，而使对森林退化评价的可操作性较差。正是由于森林退化定义的复杂性，缺乏相应的评价标准和体系，因此还很难在实际中开展森林退化的定量化评估。退化的森林不能满足可持续经营的目标，因此对森林退化的评价可以基于森林可持续经营指标的途径建立评价体系（雷静品等，2010）。

森林退化的定义是以森林定义为基础的，森林退化因森林经营管理的目的而异，应区分不同的森林经营类型（张小全和侯振宏，2003）。近年来的森林退化主要是由人类过度干扰造成的，其中森林过度采伐/毁林是最主要的干扰（朱教君和李凤琴，2007）。如果这里提到的毁林和 IPCC 指南中一致，则森林的过度采伐和毁林均是人为因素造成的，故可以认为是森林退化的直接因素。一般这些定义在一定程度上是协调一致的，但是没有考虑在不同森林类型下的相对恢复水平。不考虑生物多样性的结构变化，天然林和人工林可能要求不同的标准，注意到退化并非全是人为活动的结果，也有自然因素的结果。朱教君和李凤琴（2007）则认为，应区分森林退化与森林衰退：森林退化可以理解为森林面积减少、结构丧失、质量降低、功能下降；而森林衰退则是森林退化的一种形式，是指森林（树木）在生长发育过程中出现的生理机能下降、生长发育滞缓、生产力降低甚至死亡，以及地力衰退等状态。森林衰退常能明显观察到树木活力的丧失，如常绿树种树上的大部分叶片凋落，而落叶树种则不适季节地落叶（肖辉林，1994）。森林衰退具体表现为林木衰退，是森林退化的一种过程（刘国华等，2000），充满复杂性与无序性。国内学者主张区分森林退化和森林衰退，但雷静品等（2010）认为森林退化与森林衰退很难严格区分，没有必要过多细分。从生态学角度看，森林生态系统退化实质上是森林演替过程紊乱（余作岳和彭少麟，1996）。另外，森林退化导致的森林死亡将带来森林面积的变化（杨娟等，2006），而这一点又必须与毁林导致的面积变化区别开来。森林火灾作为特殊的干扰因子，对森林的影响极其特殊——它是森林更新的重要驱动力，也是导致森林退化的重要因素（赵平，2003），严重时会导致森林面积的减少。

李治宇和庞勇（2011）论述了国内外对森林生态系统退化在景观层面和地块层面的研究现状，认为森林生态系统退化可理解为森林面积减少、结构丧失、质量降低和功能下降。在景观层面和地块层面的直接表现是森林面积减少和土壤的退化。退化是主观性强的术语，但这并不能将毁林和森林退化分割开来。森林退化不同于生态系统退化，生态系统退化是指由于人类对自然资源不合理利用而造成的生态系统结构破坏、功能衰退、生物多样性减少、生物生产力下降、土地生产潜力衰退及土地资源丧失等一系列生态环境恶化的现象（张明亮和焦士兴，2003），森林退化必然导致生态系统退化，是生态系统退化的表现形式。

二、森林退化评价

关于森林退化的研究急需解决的是被大家公认的森林退化的定义和评价指标

体系（雷静品等，2010）。雷静品等（2010）从森林退化定义及退化的评价指标方面对其进行了详细的论述，提出在森林可持续经营的基础上，可以从森林组成和生物多样性、森林健康与活力及功能性指标（生产力、水土保持和全球碳贡献）等主要方面进行评价。

（一）评价指标和数据

关于森林退化评价方法的探讨，其实一直贯穿于森林学发展的长期过程。目前国际社会在政治和意识层面对 REDD+问题的关注已经形成共识（UNFCCC，2005，2008），但由于对森林退化的科学定义尚未形成统一的认识，因此关于森林退化的评价方法和技术还处于起步阶段。FAO 的调查结果显示，很难用一系列指标来评价森林退化。很多国家完全没有针对森林退化的指标，有些国家列出了一些已经在实践中应用的指标，但是很难准确反映森林退化的程度。这些指标包括：基础性指标，如单位面积活立木蓄积量、森林覆盖率、生物多样性的丧失、入侵树种或外来树种、水土流失、野生生境、木材产量和非木质林产品；功能性指标，如土壤肥力、物种组成、火烧面积、先锋树种或者指示树种的出现和水的质量等。从评价指标的数据来源看，有些指标在国家森林资源清查中已经存在，有些是需要将来进一步研究和投入才能获取数据的，因此对森林退化的评价，一方面评价指标存在不统一性，另一方面评价指标的数据来源存在不确定性。当今的森林退化主要源于土地利用和森林管理的决策失误与技术失灵，以及环境变化干扰等。因此，指标选择将对森林退化评价结果产生影响。

一些研究主要从森林结构和功能两个方面来反映森林退化的程度，森林活力指标和森林环境指标并没有太多涉及。但森林活力指标，包括森林健康状况等也是反映森林退化的重要方面。森林退化的评价离不开数据的支持，数据的可用性是关键因素。如何利用现有的国家森林资源清查数据来评价和监测森林退化的趋势，是我国森林退化评价面临的重要问题。

（二）森林退化参照系

森林退化是一个动态的过程，因此衡量和评价森林退化需要有一个参照系，包括参照物和时间系。首先，相对于原始森林，几乎现有的森林都属于退化森林，即所有森林都存在森林退化问题，显然是不科学和不客观的。其次，正确评价森林退化，需要给出一定时间阶段。FAO 调查结果显示，亚洲森林面积在 20 世纪 90 年代为负增长，而 2000～2010 年出现净增长；大洋洲用于保护生物多样性的森林面积在 1990～2000 年呈增加的趋势，而在 2000～2010 年则出现了负增长，可见评价森林退化，参照时间是一个非常重要的因子。

（三）国家水平森林退化的评价

森林可持续经营所涵盖的内容远比森林退化的内容和范围广，因此认为用于评价国家森林可持续经营的标准与指标（张守攻等，2000，2001；雷静品等，2004；MP，2009），可以为国家水平森林退化状态和趋势的评价提供有益的借鉴。因此本章在分析森林可持续经营标准与指标体系的基础上，选择以下指标为可能评价森林退化的指标，以促进森林退化的研究、评价工作。

1. 基础指标

（1）森林组成与生物多样性

1）按生态系统类型、演替阶段、龄级和森林所有权或使用权划分的森林面积和比例。

2）按森林生态系统类型或演替阶段划分的保护区森林的面积和比例。

3）森林破碎化。

4）乡土物种数量。

5）根据立法或科学评价确定处于风险的乡土森林物种的数量和状况。

6）处于遗传变异和本地化基因型流失风险的森林物种的数量和地理分布。

7）为说明基因多样性而被挑选的代表性森林物种的种群水平。

（2）森林健康与活力

1）受到超过历史波动范围的生物过程和事件影响（如病虫害和入侵物种）的森林面积和比例。

2）受到超过历史波动范围的非生物事件影响（如林火、暴风雪、土地清理等）的森林面积和比例。

2. 功能性指标

（1）森林生产力

1）木材生产的商用树种和非商用树种的活立木总蓄积量和年生长量。

2）乡土树种人工林和外来树种人工林的面积、比例和活立木蓄积量。

3）年木材收获量及其占净生长量和持续产量的比例。

4）非木质林产品的年收获量。

（2）水土保持

1）符合土壤资源保护最佳经营实践或其他相关立法的森林经营活动比例。

2）土壤严重退化的林地面积和比例。

3）符合水资源保护最佳经营实践或其他相关法规的森林经营活动比例。

4）根据参考条件，物理、化学或生物性质已发生重大变化的林区水体的面积和比例或流域长度。

（3）全球碳贡献

森林生态系统碳储量和流量。

三、未来森林退化的研究趋势

森林退化具有一定的政治影响，要从政治、政策层面予以关注森林退化既是我国森林资源质量和状况的反映，又是评价我国森林可持续经营的重要方面，同时它不单单是林业问题，而是环境、经济、生态等一系列问题的综合反映，更是全球环境变化议题下国际社会共同关注的问题，森林退化引发的各种环境危机已成为困扰世界各国经济和社会发展的重要因子（Freer，1998），具有一定的政治影响。森林退化问题，直接关系到我国森林保护与建设的成果，关系到森林生长、环境保护、木材供应与贸易问题，关系到我国在国际谈判中的立场和态度。

（一）明确森林退化定义，并开展森林退化评价研究

明确森林退化的定义，将森林退化评价纳入国家森林资源评估计划。国际社会对森林退化越来越重视，尤其是在国际谈判中，由于森林退化与碳排放的紧密关系，许多国家和地区都在积极推动森林退化的定义及其评价方法。最近 30 年，我国的森林资源总体处于面积和蓄积量双增长阶段，因此，对森林退化问题的关注有限。资料显示，我国到目前为止尚没有统一、科学、准确的森林退化定义，因此也没有对我国森林退化现状的报告。只有及时提出森林退化的定义、评价方法，并将森林退化纳入国家森林资源评估计划中，才能准确掌握森林退化的状况和发展趋势；对森林退化进行科学界定和划分，确定科学指标衡量森林退化，并对森林退化的趋势进行监测和评价。同时，加强对森林退化机制的研究，掌握导致森林退化的主导因素，可以从根本上控制和防止森林退化。

（二）研究和建立中国森林退化分类体系

我国地域广阔，不同地区森林的类型和服务功能存在差别，加上立地条件的差异及经营目标不同，对森林退化的评价方法也存在差别，在制定森林退化评价指标体系时考虑的主要因素也不同。因此，有必要在分析我国森林资源特点的基础上结合不同森林类型建立我国森林退化分类体系，便于根据不同地区森林资源状况和社会经济发展水平，对森林退化进行科学分类，完善 REDD+综合评价体系。

（三）加强对森林退化评价指标的研究

建立一套能全面反映森林退化程度的评价指标体系和应用计算方法是一项基础性工作，森林退化评价的准确性在很大程度上取决于选取的评价指标和评价方法的科学性。森林退化是一个复杂的过程，涉及的因素也很多，可以是物种、种

群、群落或者景观水平上的，也可表现在系统的组成、结构、功能和动态等方面，指标选择会直接影响对森林退化程度的分析，而不同森林退化程度的划分影响着遏制森林退化政策措施的制定。基于现有的相关标准，如国家森林资源清查数据和森林可持续经营标准与指标，组织国内专家对森林退化及其现状进行综合分析，探索适合我国国情和林情的森林退化指标。

（四）研究森林退化、气候变化和碳排放的关系

2009 年 9 月胡锦涛在联合国气候变化峰会开幕式上表示，将进一步把应对气候变化纳入经济社会发展规划，并提出增加森林碳汇的措施，其中包括到 2020 年森林蓄积量比 2005 年增加 13 亿 m^3；国家林业局局长贾治邦在此次联合国气候变化峰会上就减少毁林和森林退化等碳排放问题提出 4 点主张，并希望通过发展林业为减缓气候变化作出积极贡献。研究森林退化与碳排放及其与气候变化的关系迫在眉睫，有必要明确森林退化的定义、评价方法及其与碳排放的关系，从而实现森林蓄积量的增长目标，遏制森林退化，降低碳排放。《哥本哈根协议》中明确表示"减少毁林和森林退化所造成的排放是至关重要的"，因此必须通过建立包括 REDD 在内的机制，控制毁林和森林退化引起的碳排放。

在碳自由交易市场碳补偿量作为一种可以买卖的产品，为那些与温室气体排放有关、影响气候变化的个人、企业和国家提供了一种交易方式，它是一把双刃剑，可以促进国家、企业的发展，但同时碳排放也可能对其发展产生束缚和约束。由于碳自由交易市场的特殊性，其比一般市场更加复杂，包括买方、卖方，以及第三方即核查方。而且在方法学上有很多的不确定性。森林退化与碳排放有直接的关系，如何科学准确地确定森林退化和造林与碳汇和碳排放的关系，为我国企业在国际市场竞争中保持有利地位提供技术支持，是我们面临的重要课题。

第四章　REDD+的参考水平及其构建方法

2005 年 2 月 16 日,《京都议定书》生效后,全球碳交易市场呈现了爆炸式增长。清洁发展机制作为《京都议定书》的三机制之一,为发展中国家和发达国家之间的碳交易提供了机遇。《公约》附件一所列缔约方国家为实现国内的减限排指标,并避免工业减排的压力,将减排的途径转向从发展中国家购买林业碳汇。因此,林业碳汇的核算技术和方法就成了林业议题谈判的重要内容之一。其中,确定参考水平是 REDD+机制的一个关键技术问题。

毁林和森林退化是全球一个重要的温室气体排放源。如果缺少 REDD+机制,"巴厘岛路线图"确定的将气温升高控制在 2℃以内的目标将无法实现。REDD+机制同其他碳贸易机制一样,需要先建立参考水平或基线来衡量碳效果。然而,由于大多数发展中国家缺乏强大的国家森林资源监测系统,难以通过建立科学合理的参考水平来对国内的 REDD+活动形成有效的激励机制,也就无法通过 REDD+达到减排的目的。

第一节　参考水平和基线研究现状

REDD+最关键的一个技术难题是如何建立国家森林参考水平/森林参考排放水平(forest reference level, FRL/forest reference emission level, FREL)或基线。参考水平(reference level)多见于医学领域(Winsor and Burch, 1945; Marshall et al., 2000),也出现在其他领域,如物理研究领域(Picciotto and Wilgain, 1963),在林业文献中也有记载(Lenihan, 1990)。REDD+ FRL/FREL 的设定是一个非常紧迫的问题。然而,由于许多国家尤其是发展中国家缺乏准确的监测数据,加之未来人类活动对毁林影响存在很大的不确定性及对森林退化的评估还存在技术难题(Herold and Skutsch, 2009; Romijn et al., 2012),因此,数据的可用性和质量成为建立 FRL/FREL 的决定性因素,且毁林和森林退化的驱动力对调整 FRL/FREL 也非常重要。

FRL/FREL 对环境效力、成本效益和国家间的 REDD+基金分配有着深层次意义,这涉及有效性、国际分配及公平性,且具有政治敏感性,这是由于不同国家国情和利益诉求不同。大多数提案利用历史毁林作为确定参考水平的依据(Parker et al., 2009),并且许多建议考虑国情和奖励早期行动。然而,许多提交给 UNFCCC 的案文建议采用历史毁林数据,但是许多国家缺乏可靠的历史数据,并且这种方法对于历史毁林率低的国家而言是有失公平的，因此，中国和印度等国家建议考虑早期的森林保护行动。许多缔约方认为 FRL/FREL 应当灵活、可调整，以适应不同国情，并以可靠的历史数据为基础。但基于考虑国情的参考排放水平，这将会破坏环境整体性和 REDD+ 的可靠性。

到 2011 年 10 月，《公约》秘书处共收到来自各国森林管理参考水平的 38 份技术评估报告（http://unfccc.int/bodies/awg-kp/items/5896.php）。例如，澳大利亚 2011 年基于清单法的参考水平在没有不可抗力的条件下，参考水平设定为 4.7Mt $CO_{2\text{-eq}}$/年；巴西参考水平毁林率以 2000～2009 年的历史毁林率为基础，且每 5 年更新一次（Amazon Fund，2009）；圭亚那采用的是综合参考水平，即以国内历史毁林率和全球历史毁林率的平均值为基础建立的（Ministry of the Environment of Norway，2011）。由于在第一承诺期中森林管理活动的碳信用被过度使用，张小全研究后建议应该对森林管理活动的碳信用设限以尽量避免这种现象的发生（Zhang，2011；张小全，2011）。

参考水平或基线的建立也会影响减排潜力（Steenhof，2007），成功的 REDD+ 机制的必要条件之一是确定基线情景，Eckert 等建立基线情景时基于 1991 年和 2004 年的数据进行模拟，然后利用 2009 年的数据进行验证（Eckert et al.，2011）。基线是一个虚拟的参考标准（Kartha et al.，2004），建立严格基线非常重要。Chomitz（1998）认为很难就基线问题达成一致意见，主要有三方面的原因：一是很难对未来作出准确的预测；二是减排买卖双方都夸大了排放基线水平，因为对于卖方而言可以增加财政收入，对于买方而言可减少抵消成本；三是基线的设置需要对国家的政策作出假设。基于项目水平的减排方法是模糊的，不能真正实现减排，最终基线的建立也会影响减排潜力（Steenhof，2007）。

第二节　建立参考水平的必要性

参考水平的建立对于评价 REDD+ 机制及其减排活动的效果具有重要的理论和现实意义，这是未来国际气候变化谈判中建立激励机制和刺激的基准，也是开发实施融资机制的前提。

设定参考水平是 REDD+ 机制中最关键的内容之一，也是在国家水平上确定补偿标准的依据。如果设定的参考水平过高，将会出现要为"吹牛"买单的风险，即那些即使在缺乏激励机制的情况下也不会发生的排放。如果设定的参考水平太低，行动积极性可能会被降低。因此，需要建立一个设定参考水平的健全方法，以确保无论是在国家水平还是在全球水平上都能在一切正常的情况下发挥补充作用，同时还可以适当激励发展中国家加入 REDD+ 机制。

建立森林参考水平的方法应该是简单灵活的，且要考虑到面临高毁林率的国家和拥有高森林覆盖率和低毁林率的国家之间的区别。此外，还要考虑到各国的其他具体国情（人口、就业等）。设定参考水平的方法还应该应用在森林退化、增加碳储量及造林、再造林上。但是，针对后者的程序和规定需要包含通过该体系进行补充的过程中防止天然林转化成人工林的明确保障。

可以通过基于目标、可测量和可核实的投入进程作为起点设定国家参考水平，如历史排放率和清除率、森林覆盖率及人均国民生产总值的测量。指定的专家组能够根据标准化过程中取得的成果提出最终的参考水平，针对国情和其他相关投入（诸如缔约方考虑到的今后的排放和清除趋势）适当地作出调整。然后，专家组向缔约方大会或者拥有最终决策权的指定代表机构提交建议。

此外，应该设定一个全球性参考水平。这能满足两个目的：首先，将会确保全球互补性，在全球水平和国家水平上避免设定被夸大的参考水平；其次，有助于在国家具体参考水平的谈判中作为一个标准以供参考，因为某个国家提高基线必然会导致其他某个或多个国家基线的降低。因此，设定全球性的参考水平将会促进机制的环境完整性，并能激发形成全球 REDD+活动的合作方法。

第三节　建立参考水平的方法学

REDD+已经发展为一个成熟的概念：从 2005 年的减少发展中国家毁林所致碳排放（RED）到 2007 年巴厘岛会议上承认森林退化也导致大量的碳排放（REDD），再到 2009 年哥本哈根大会上确定了 REDD+范围还包括森林保护、森林可持续管理和提高森林碳储量（UNFCCC，2009；Angelsen and Wertz-Kanounnikoff，2008）。

REDD+机制的建立需要分三个阶段来完成（Streck et al.，2009）。一是准备阶段，包括国家 REDD+的战略准备和 MRV 能力建设及示范活动；二是更加深入地准备，主要集中在减排政策和措施的落实阶段；三是建立与国情相符且与 UNFCCC保持一致性的机制。根据参考水平进行资金补偿的 REDD+有 3 个特征（即激励、信息和制度），随后又扩展到 4 个特征（CIFOR，2009）。

大多数发展中国家的森林是当地社区和居民赖以生存的基础，如果减少毁林必然会影响到这些地区居民的生活。为此如何通过激励机制和积极刺激来推动 REDD+的开展便成为附属科技咨询机构（SBSTA）技术谈判的主题内容之一，而如何评价 REDD+活动的减排效果是建立 REDD+补偿机制的前提，分阶段方法可以保证更多国家参与开发 REDD 方案（CIFOR，2009），对减排进行补偿是REDD+第三阶段的内容（Edwards et al.，2012）。

实际上，REDD+项目在不同区域的基线情景发展可能提供有价值的学习经验和反馈国家基线情景的发展。为了使同一区域项目形成一个通用的基线情景，这个情景不仅允许它们共享发展经费，而且可以提高其在国家和区域权威者眼中的知名度和可信度。

建立国家基线情景一般可以按照"自上而下"（从谈判水平到国家水平和可能分散的水平）和"自下而上"的方法（从项目水平到区域和国家水平）间的整合（表 4-1）。

表 4-1 不同规模的融合开发基线情景

方法途径	数据	方法	结果
"自下而上"方法	在次国家/区域水平上收集整理数据将有助于理解需要考虑的国家国情的差异	在次国家/区域水平上应用方法，然后根据国情建立适合国家水平的方法；用这些次国家/区域水平上的方法进行能力建设	次国家/区域水平毁林过程反馈国家水平的方法
"自上而下"方法	国家数据，尤其是宏观经济方面将有助于次国家/区域情景考虑多种间接毁林驱动力	发展的国家情景的国际建议；在国家水平上建立的项目指南	国际模型，引入到国家尺度上；国家模型，推广到次国家/区域水平上

建立参考水平需要确定参考的基准，并且使实际的排放和清除与之进行对比。参考水平有两个用途：一是用照常情景（BAU）作为参考水平，以测量 REDD+政策和活动的影响及确定减排，因此在没有建立参考水平的条件下，就不能确定减排量或者减排的成效；二是确定减排后，用于给予补偿的一个基准，作为金融补偿的参考。相应的，建立参考水平要解决两个问题，一是在没有 REDD+活动时排放会怎样，二是通过什么样的激励手段促进 REDD+活动有成效。

首先按照分步途径建立参考水平（图 4-1）。分步途径（stepwise approach）能够反映不同国家的国情和能力来促进参与范围的扩大、推动进步，同时提高测量和监测的能力，以使建立的参考水平适合不同国家的国情，易于被大多数国家接受，能够很好地被执行（UNFCCC，2011a；Herold et al.，2012）。

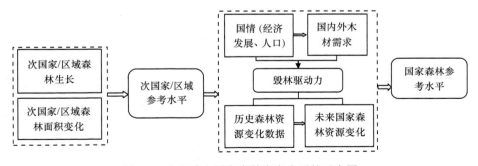

图 4-1 分步建立国家森林参考水平的示意图

第一步，调研并获取国家历史毁林数据，研究历史毁林的驱动力因素。根据国家水平上的历史毁林数据建立参考水平，通过单位面积森林碳储量估算毁林导致的碳排放，一般国家都可以从国内和联合国粮食及农业组织获得这些数据。例如，巴西在亚马孙基金的资助下完成了参考水平的建立，根据国家水平的毁林情况和保守估计，单位面积地上生物量的碳储量是 100t C/hm²。巴西参考水平毁林率以 2000～2009 年的历史毁林率为基础，且每 5 年更新一次（Amazon Fund，2009）。

第二步，根据历史毁林率和未来对木材的需求等因素预测未来森林变化，同时考虑基于国家政策制度、经济发展、人口增长和林产品国际贸易等因素对已建立的参考水平进行调整。目前在这方面的案例还比较少见（Angelsen et al.，2013）。

第三步，在前面两步的基础上，结合地面清查和遥感数据，建立参考水平的模型，这一步也是 IPCC 指南中的 Tier 3 方法。如此，建立的参考水平不确定性低。

建立森林参考水平涉及土地边界的确定、森林碳储量的变化、降低结果不确定性的方法需要参考 IPCC 指南。《2006 年 IPCC 国家温室气体清单指南》（IPCC，2006）和《土地利用、土地利用变化和林业优良做法指南》（GPG-LULUCF）（IPCC，2003）是估算农业、林业和其他土地利用部门活动温室气体排放和清除的基础。IPCC 指南既适用于国家水平，又适用于项目水平。在自愿碳市场上，IPCC 指南成为许多标准的基础，包括自愿碳标准（VCS）和美国碳注册（ACR），VCS 的要求符合所有 REDD+项目规则。森林参考水平应该根据不同国家的国情采取分步的途径进行建立，并且参考水平的建立过程要遵循 IPCC 指南的原则和规定。

随着中国实施林业六大工程和林业政策法规体系的健全，林业取得了巨大成就，但也面临着严峻的挑战。为减缓气候变化，应对国际谈判，同时达到国家自主减排贡献的目标[①]，需要通过森林经营提高森林质量，以及森林抗病虫害和自然灾害的能力。因此我们急需开发森林资源碳储量监测评估体系，加强在"plus"碳计量方法学方面的研究工作，尤其是森林管理参考水平方面的方法学研究。

---

① 国家发展和改革委员会强化应对气候变化行动——中国国家自主贡献. http://politics.people.com.cn/n/2015/0630/c70731-27233170.html [2016-12-18].

第五章　REDD+的融资机制和措施

REDD 在减缓全球气候变化中具有明显的经济效益（Stern，2006）。2010 年年底坎昆气候变化会议通过了包括 REDD+融资机制的重要决议；2015 年年底通过了采用金融补偿的方式实施 REDD+活动以达到减缓气候变化的目的。REDD+融资的实质就是为避免毁林和森林退化，森林保护、可持续管理和提高森林碳储量提供资金激励机制，旨在为森林固碳服务赋予经济价值的政策框架。由于各缔约方的森林资源条件和毁林或利用方面的差异，如何在既定资源条件下均衡各缔约方的利益就成为关键所在。

第一节　REDD+融资机制的实质

REDD+融资机制的实质是为实施 REDD+活动提供一种资金激励机制，旨在为森林固碳服务赋予经济价值的政策框架。在达成具有法律约束力的国际协定之前，许多重要问题需要进一步讨论，包括 REDD+活动的范围、融资激励机制的形式、资金分配、REDD+是否用作碳抵偿、REDD+与国家适当减缓行动（NAMA）之间的联系等。表 5-1 总结了有关 REDD+融资机制的几个关键问题，其中有技术方面的困难，但更多的是政治因素的影响。

表 5-1　REDD+融资机制需要考虑的关键问题

问题	质疑	选项	达成的共识
资金筹措	资金从哪里来，是否有多重资金流	自愿捐款、碳市场，或与市场有关的机制	各方越来越多地同意采取分阶段方法，这种方法涵盖了为 REDD+的各个方面提供支持的不同资金的来源，最有可能成功，这也可以使不同国家根据其自身发展现状及其他需要而使用不同的融资机制
资金分配	资金将流向何方，有没有额外的机制用于激励碳储存	重新分配现有资金，额外的激励机制	大部分提案主张根据缔约方自身的行动直接给予激励和补偿，相对较少的提案包括了资金再分配机制，以使得除产生减排量的主体之外的其他各方也能够从中受益

第二节　融　资　行　动

在正式谈判之外，REDD+在国际融资方面也取得了重要进展。当前，国际上有 7 项多边或双边融资行动致力于支持发展中国家开展 REDD+准备与示范活动，包括世界银行的森林碳伙伴基金（FCPF）和森林投资项目（FIP）、联合国 REDD

项目（UN-REDD）、亚马孙基金（AF）、刚果盆地森林基金（CBFF）、挪威国际气候与森林倡议（ICFI）及澳大利亚国际森林碳倡议（IFCI）。截至 2011 年 11 月，上述行动共接受捐款（包括承诺捐款）31.22 亿美元，其中实际收到捐款 11.27 亿美元、批准 REDD+活动资金 5.06 亿美元、实际拨付资金 3.09 亿美元（图 5-1）。

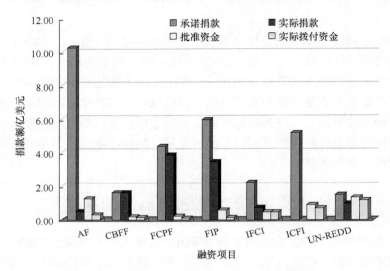

图 5-1　REDD+主要融资行动（详见书后图版）

　　在这些资金的支持下，先后共有 40 个国家已经开展和正在准备开展 REDD+准备与示范活动，有的国家同时获得多项 REDD+融资行动的资金支持。其中，FCPF 选择了 37 个热带和亚热带国家，包括 14 个非洲国家、15 个拉丁美洲国家与 8 个亚洲及太平洋地区国家，为它们提供资金，支持其 REDD+准备与示范活动；FIP 选择了加纳、刚果（金）、印度尼西亚、老挝、墨西哥和秘鲁 6 个国家开展示范活动；UN-REDD 项目已经吸收了来自亚太地区、非洲和拉丁美洲的 14 个示范国参与到旨在进行能力建设的 REDD+示范性项目中，为其提供资金支持，加强其能力建设和准备建立 REDD+国家战略等，同时还吸收了 21 个伙伴国参与，尽管目前伙伴国没有直接获得 UN-REDD 项目的资金支持，但是可通过该项目获得其他利益，如建立网络联系、分享知识与经验、参与该项目的全球性及区域性研讨会、作为官方观察员参加该项目的政策委员会会议等；AF 主要支持拉丁美洲国家，其中巴西是最大的资金接收国；CBFF 主要支持非洲国家，特别是刚果（金）；ICFI 主要支持亚太地区（印度尼西亚）、拉丁美洲（墨西哥、圭亚那和巴西）和非洲地区（莫桑比克和坦桑尼亚），资金比例分别为 42.8%、42.8%和 11.4%；IFCI 主要支持亚太地区（印度尼西亚和巴布亚新几内亚，占 81.1%）。目前 REDD+准备与示范活动的实施主要在非洲、亚太地区及拉丁美洲的热带和亚热带国家，预计后京都时期，在国际或国内资金的支持下更多的国家将开展 REDD+准备与示范活动。

第三节　REDD+融资渠道

发展中国家的 REDD+项目融资主要通过三种途径实现，即国家/国际层面募集的自愿基金、REDD+项目碳交易的市场机制及拍卖或与二级市场混合的机制。不同的融资途径又对应不同的融资阶段。第一阶段主要是利用国内外对话和项目合作等行动吸引国际资金援助；第二阶段采用基金手段，使得国家在基于合约原则基础上获得 REDD+融资；第三阶段利用基于温室气体的管理工具，对照参考水平，采用基于结果的方式对国家进行补偿。

实施 REDD+活动及其他气候变化减缓与适应活动需要有足够的资金支持,气候融资成为全球应对气候变化的重要挑战之一，对于促进发展中国家应对气候变化及支持可持续发展具有催化剂的作用。及时的气候融资也有助于建立国家之间的信任，特别是发达国家与发展中国家之间的互信，从而促进国际气候变化谈判进程。如何保证及时、足额的气候资金一直是谈判的焦点和难点。

2009 年《哥本哈根协议》规定，发达国家向发展中国家提供新的额外资金，包括：①快速启动融资，即 2010～2012 年提供 300 亿美元协助那些最易受影响的发展中国家应对气候变暖；②长期融资，在 2020 年以前每年筹集 1000 亿美元用于解决发展中国家的减排需求；③建立新的绿色气候基金。2010 年《坎昆协议》中进一步重申和强调了对气候融资的上述三个方面的资金渠道。

一、快速启动融资

快速启动融资主要是 2010～2012 年发达国家承诺在此期间提供 300 亿美元，帮助发展中国家立即采取行动应对气候变化，并为 2012 年以后长期实施气候变化行动做准备。

二、长期融资

除快速启动融资外，《哥本哈根协议》的另一个目标是，在 2020 年以前每年筹集 1000 亿美元以满足发展中国家应对气候变化的需要。要实现每年 1000 亿美元的融资目标需要有多种渠道的资金来源，包括现有的和新的政府资金及增加的民间投资、双边和多边资金等。图 5-2 描述了可能的资金来源及其融资渠道。

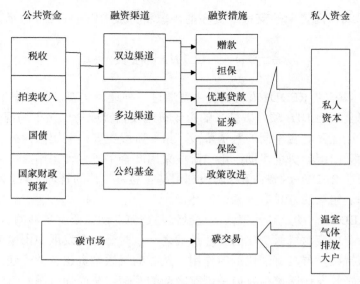

图 5-2　长期融资资金来源与融资措施

三、绿色气候基金

《哥本哈根协议》呼吁建立新的绿色气候基金，并将该基金作为缔约方协议的金融机制的运作实体，以支持发展中国家进行包括 REDD+、适应行动、能力建设、技术研发和转让等用于减缓气候变化的计划、项目、政策及其他活动。2011 年德班会议正式启动了绿色气候基金，成立基金管理框架，以尽快为发展中国家开展减少毁林排放等行动及森林可持续管理等提供资金支持。

2014 年的利马气候大会期间，发展中国家为适应基金和最不发达国家基金下一步工作提出了很多建设性的建议，包括增加受援国的执行机构数量、扩大基金支持的范围及加强适应基金与绿色气候基金（GCF）等机构的联系等。大会最后的决议中增加了要求绿色气候基金为发展中国家获得技术转让和开展能力建设活动提供充足支持的相关案文。此外，利马会议前后，各方积极承诺向绿色气候基金注资，承诺的资金总额超过了 100 亿美元，这也为后续行动提供了一定的资金保障。

2015 年，巴黎气候大会对于发展中国家最关心的资金议题也进一步明确，《巴黎协定》首次提出 2020 年前应"制定切实的路线图"，以敦促发达国家落实2020 年之前每年向发展中国家提供 1000 亿美元应对气候变化支持资金的承诺。2015 年 9 月，中国宣布出资 200 亿元建立"中国气候变化南南合作基金"，用于支持其他发展中国家应对气候变化，包括增强其使用绿色气候基金资金的能力。同年，美国在《中美元首气候变化联合声明》中，重申了向绿色气候基金注资 30 亿美元的承诺。

实施国内减缓气候变化行动及引入基于碳价的新的公共融资手段对筹集气候资金将非常关键。基于碳价的融资手段既能增加融资资金又能为减缓行动提供经济激励，因而具有特殊的吸引力。碳价及国际私人投资资金对于转向低碳未来非常重要。如果 2020 年碳价能够达到每吨二氧化碳 20～25 美元，就能实现每年 1000 亿美元的融资目标，而且碳价越高筹集的资金就越多，采取各种措施减缓气候变化的能力也就越强。多边开发银行通过与联合国系统的密切合作也能发挥显著的乘数效应与杠杆效应，调动更多的绿色投资。对于每 100 亿美元的资金，多边开发银行就能调动 300 亿～400 亿美元的总资金流，并通过调动民间资金显著增加可利用的资金流。在实施新的融资手段之前，政府通常倾向于增加直接预算，因此，基于现有公共融资来源的政府直接预算，对长期融资也将发挥关键作用。

政府融资是由发展中国家政府为活动提供资金，如巴西、萨尔瓦多。我们调查发现，大多数 REDD+准备与示范活动，特别是在非洲，均利用国际公共资金，即官方开发援助（ODA）。具体来说，双边、多边和政府资金在非洲、亚洲和拉丁美洲的 REDD+活动中分别占 65%、64%和 61%。私营部门虽然融资比公共活动部门少，但仍然是 REDD+活动的重要资金提供者，尤其是在拉丁美洲和亚洲。在非洲非政府组织相对更多地参与 REDD+的活动融资。非公共财政（私营部门、非政府组织）仍然只占整体 REDD+融资的一小部分。

第四节　我国面临的机遇和挑战

一、机遇

1）REDD+融资机制的实质是为避免毁林和开展造林与森林恢复及保护活动提供激励的一种资金激励机制，旨在为森林固碳服务赋予经济价值的政策框架。根据《坎昆协议》，REDD+框架下的林业活动范围不仅包括减少毁林和森林退化，还包括保护森林、扩大森林面积和加强森林可持续管理。目前阶段，一些热带毁林国家从 REDD+国际资金中获益。我国则在造林与森林恢复和保护及可持续经营方面具有更大的潜力，REDD+符合我国林业发展的目标和方向。

2）我国开展 REDD+碳汇融资具备良好的发展空间与前景。从我国碳排放水平来看，当前为世界上最大的碳排放国家，承担减排责任已是必然趋势。党中央和国务院对森林碳汇功能高度重视，明确提出要大力增加森林资源，增加森林碳汇，争取到 2020 年中国森林面积比 2005 年增加 4000 万 hm^2，森林蓄积量比 2005 年增加 13 亿 m^3；到 2030 年森林蓄积量比 2005 年增加 45 亿 m^3 左右。2009 年我国发布了《应对气候变化林业行动计划》，森林碳汇在后京都时代将成为我国经济建设的重要内容。

3）我国在实施 REDD+融资机制方面具备很好的实践基础。REDD+能力建设活动表明，参与 REDD+的国家必须提高能力，调整政策和机构设置。要成功地实施 REDD+，需要进行很多政策和机构改革。REDD+政策机制还处于准备和示范阶段，未来正式实施还需要更长期的规划与投资。在实践方面，我国在集体林权改革、森林治理及机构与制度建设等方面也已经开展了大量卓有成效的行动，我国的天然林保护和退耕还林工程等实际也具备了 REDD+活动的雏形，取得了有效的实践经验。

二、挑战

理论上，REDD+融资机制的实施将对我国热带木材进口产生一定的负面影响。REDD+政策实施以后将使项目国木材出口总量进一步减少，预测到 2020 年原木出口总量比 2010 年减少 39%。其中对世界热带木材出口的影响更为显著，预测到 2020 年将比 2010 年减少 45%。中国进口源自 REDD+项目国的林产品在全球林产品贸易中所占的比例呈大幅下降趋势，但中国从 REDD+项目国进口热带木材所占的比例越来越高。从品种结构来看，特定树种对 REDD+项目国的依赖性较强，如奥克曼木、红楠、樟木、水曲柳等。实施 REDD+政策后，REDD+项目国仍将是中国主要的木材进口国，特别是 2020 年中国预期从马来西亚、巴布亚新几内亚、缅甸、加蓬和刚果（布）等国进口热带木材之和占源自 REDD+项目国进口总量的 98%以上。

三、抓住机遇，迎接挑战

具有法律约束力的《巴黎协定》已经生效，但仍有许多技术问题需要进一步研究，包括 REDD+融资激励机制的形式、REDD+是否用作碳抵偿、REDD+的资金机制和资金的平衡分配利用等，这些将继续成为今后讨论的重点。2017 年，中国将全面开启碳交易市场，为此，结合目前 REDD+在资金和激励机制方面存在的问题、潜在的融资机会及即将开展的全国碳交易市场，有以下几点建议。

1）加强与 UNDP、UNEP、全球环境基金（GEF）、世界银行（World Bank）等相关联合国机构和国际组织的合作，积极推进发展中国家 REDD+的试点，继续强调森林保护、森林可持续管理在减缓和适应气候变化中的作用。

2）积极推进"南南合作"，加强在非洲国家和地区的森林培育、经营利用方面的投资与交流，积极利用"亚太森林恢复和可持续管理组织（APFNet）"平台，加强与亚太地区国家的林业合作，扩大我国境外森林资源储备并增强森林碳抵偿能力。

3）积极参与 REDD+国际进程，抢占"道德制高点"与话语权。目前 REDD+重点是关注热带发展中国家的毁林与退化，中国作为全球恢复森林植被最快、人工林覆盖面积最大的发展中国家，在森林可持续管理和减少毁林及森林保护方面有许多先进经验，我国的天然林保护和退耕还林工程等，已经具有 REDD+的政策雏形，有效的实践经验可与其他国家分享。

4）开展林业碳汇交易。2017 年我国将全面开启碳交易市场，结合国家碳排放交易试点工作，探索林业融入国内碳排放交易试点的途径，建立通过市场手段、鼓励企业和公众参与林业的手段来应对气候变化工作的政策机制和管理措施，加强森林碳融资。

第六章　REDD+的可测量、可报告和可核实体系

REDD+的"三可"问题是指 REDD+活动的可测量、可报告和可核实（MRV），进行项目边界的确定和描述、项目区土地利用情况的历史变化分析、参考水平的建立、林木生物量的测定、项目减排效益的预测，以及监测方案的制定等一系列工作是可测量、可报告和可核实的必要程序。

第一节　概　　述

自 2005 年《联合国气候变化框架公约》COP11 决定启动 2012 年以后的国际气候制度谈判，并在 2007 年将"减少发展中国家毁林和森林退化所致排放，森林保护、森林可持续管理和提高森林碳储量（REDD+）"议题纳入《巴厘路线图》，随后的缔约方大会、SBSTA、AWG-LCA 及 AWG-KP 均在历次会议上就 REDD+议题所涉及的方法学问题进行了讨论，REDD+的政策措施和激励机制成为 AWG-LCA 谈判的重要内容。尽管《坎昆协议》在 REDD+的活动目标、范围、指导原则等方面取得了一些进展，但是在实施手段及其效果、资金、技术和能力建设支持的可测量、可报告和可核实的"三可"制度安排等方面仍有许多问题未解决。《公约》第 17 次缔约方会议要求 SBSTA 开发对森林面积、源排放和汇清除、森林碳储量及其变化进行可测量、可报告和可核实的方法学。

根据《坎昆协议》第 71 段及 AWG-LCA 在 COP17 上达成的协议草案，对发展中国家提出了"开发健全、透明的国家森林监测体系对 REDD+活动进行可测量、可报告和可核实"的要求（UNFCCC，2010，2011b），本章对《公约》关于 REDD+活动的"三可"相关规定进行了解读，分析了现阶段我国实现 REDD+活动的目标、范围、指导原则等方面，以及"三可"目标的难点和重点，并提出我国实施 REDD+活动 MRV 体系的基本框架，以期能确保发达国家所提供的资金和技术的支持效果，提高我国林业部门编制温室气体清单的能力，促进我国林业增汇/减排技术的进步并加深公众对气候变化的认识。

第二节　关于 REDD+活动"三可"的相关规定

《坎昆协议》第三部分 C 的第 71 段指出，在发达国家提供充足并可预测的技术和资金援助的前提下，发展中国家要根据各自的国情和能力制定国家战略或行

动计划，并设置国家森林碳排放或森林碳储量的参考水平，建立健全、透明的国家森林监测体系及提供信息的制度（UNFCCC，2010b）。《公约》第 13 次缔约方会议制定的《巴厘路线图》的第 1（b）ii 曾指出，非附件一缔约方在可持续发展方面所进行的可测量、可报告和可核实的国家减缓行动（NAMA），应得到附件一国家在技术、资金和能力建设方面的支持，这些支持同样应该是可测量、可报告和可核实的（UNFCCC，2010b）。

《公约》第 17 次缔约方会议上也重申了在获得资金的前提下，发展中国家所实施的 REDD+活动应该是可测量、可报告和可核实的（UNFCCC，2011b）。由于发展中国家数量众多，其在森林资源、基础设施、经济活动、人口数量、气候条件、政治制度及减排/增汇潜力等方面有很大的差异，各国消除贫困和促进经济可持续发展的目标也不尽相同，因此，所采取的适应与减缓气候变化的 REDD+活动也会不同。

第三节　现阶段我国实现 REDD+活动
"三可"的难点和重点

在对巴西、危地马拉、马达加斯加、墨西哥和秘鲁实施的 REDD+试点项目进行调研的基础上，分析这些活动面临的难点，结合国情对我国实施 REDD+活动 MRV 的难点进行了分析，我国要实现 REDD+活动 MRV 的目标将会面临以下挑战。

1）难以获取估测生物量碳储量和确立参考排放水平所必需的信息，包括卫星图像、土地使用数据、生物量数据、土地使用变化情况、毁林驱动力、土地所有权和利益相关群体（Hardcastle and Baird，2008）。

2）由于数据要求、政府参与度、技术难度、审查过程、对捐资者/投资者的吸引力等各方面的差异，目前对 REDD+活动的认证还没有统一标准。

3）缺乏已经核准、随时可用的方法学（包括基线和监测方法学），国家或地区 REDD+活动的管理者需开发新的方法学（Penman，2008）。

4）缺乏了解 UNFCCC 工作流程、IPCC 制定的 LULUCF 指南及 REDD+方法、不同认证机制的相关要求、实施 REDD+活动地区总体环境概况的专家。

5）几乎所有的 REDD+活动都难以获取充足的预付资金来支付初始策划阶段的高昂费用，REDD+的预期碳收入可能不足以支付建立活动所需的全部设计、执行和交易费用（包括项目设计文件编制和项目认证费用），难以确保实施和监测 REDD+活动的资金连续性，这也是阻碍项目实现 MRV 的主要因素之一。

现阶段我国 REDD+活动 MRV 的侧重点应该是制定相关政策手段和激励机制，实施和推广国家级的 REDD+示范项目，从示范项目中获取经验和教训，建立

REDD+活动的核实、报告和监测体系框架，以确保我国 REDD+活动的可测量、可报告和可核实体系的合理性与科学性。

第四节　我国 REDD+活动的可测量、可报告和可核实体系

一、REDD+活动的类型

REDD+活动涉及政策的制定和实施、项目的开发及能力建设等活动类型，对不同类型的 REDD+活动进行测量、报告和核实，需根据活动类型采用不同的方法学。因此，建立 REDD+活动的可测量、可报告和可核实体系应该先划分 REDD+活动类型，然后确定不同类型的 REDD+活动需要的 MRV 规则。我国的 REDD+活动可分为以下几种类型。

1）制定应对气候变化的林业政策方案，如《中国应对气候变化国家方案》、《应对气候变化林业行动计划》及应对气候变化试点省份编制的《省级应对气候变化方案》等。

2）制定减少毁林和森林退化引起的碳排放的林业法规，如各省、自治区、直辖市制定的天然林保护条例、森林病虫害防治条例、森林防火条例、森林采伐更新管理条例等。

3）设立国家和地方林业应对气候变化的部门或协调机制，如在国家林业局、各省林业厅设立林业碳汇管理办公室，国务院批准成立中国绿色碳汇基金会等。

4）制定我国林业增汇和减排的可持续森林经营技术标准，如编制碳汇造林技术规定、碳汇造林检查验收办法、经营碳汇林的技术规程、中国林业碳汇审定和核查指南等。

5）制定森林碳汇效益补偿机制及建立森林保险体系，通过保费补贴等政策手段扩大森林投保面积。

6）实施禁止毁林、防止森林退化、可持续森林经营管理、重点工程造林、公民义务植树及合理开发和利用生物质材料的增汇减排项目。

7）对林业行业的基层领导和专业技术人员进行应对气候变化的宣传和培训。

8）开展减少毁林和森林退化引起的碳排放及增强森林碳汇的林业技术研究和培训。

9）开拓我国林业碳汇自愿市场。

二、REDD+活动的可测量

REDD+活动的可测量应该理解为政策措施本身或政策结果的可测量，这种可测

量应该包括定性的可测量和定量的可测量，对涉及上节中1）、2）、3）、4）、5）、7）和8）的REDD+活动应主要进行定性测量，对涉及4）、5）、6）和9）的REDD+活动应主要进行定量测量，对涉及4）、5）的REDD+活动可以进行定性和定量测量。虽然测量REDD+活动的实施过程和效果的具体指标因REDD+活动类型而不同，但无论何种类型的REDD+都应该包括目的、实施状况、对可持续发展和消除贫困的贡献、环境效果、可持续性审定及成本有效性量化等普遍性指标。

（一）目的

审定REDD+活动计划和政策措施内容中是否明确该计划或政策措施的目的是减少森林碳排放或增加森林汇清除；审定会议纪要、项目设计文件及林业碳信用购买合同中是否明确描述所开展项目的目的是减少碳排放或增加汇清除。

（二）实施状况

审定各省、自治区、直辖市林业部门是否按照国家方案和政策的要求制定了相应的行动计划和政策措施，是否按照所拟定的计划和措施开展了具体的保护森林、可持续管理森林或植树造林等项目活动，是否对活动所涉及的区域、利益相关者及项目的实施过程进行记录。

（三）对可持续发展和消除贫困的贡献

如果REDD+国家方案或者政策措施没有促进当地居民全程参与REDD+活动或者项目的管理，只是租用了他们的土地，那么除了获得出租土地及被作为廉价劳动力的微薄收入外，居民不仅得不到有助于将来继续维持生计的技能，还可能由于没有机会表达自己的意愿而丧失对自己所拥有土地的所有话语权（Colfer and Capistrano，2005）。《坎昆协议》明确提出，REDD+活动要确保本地居民的权力得到充分的体现，因此，要对REDD+活动对于可持续发展和消除贫困的贡献进行测量，需要审定所实施的REDD+活动是否能确保社会经济影响的可持续性（即是否从执行政策或行动设计阶段开始就让当地居民参与，接受利益相关群体的意见，而且确保他们有权向项目开发商反映他们的愿望和困难，并得到及时的反馈）；审定本地居民及利益相关方是否通过参与REDD+活动获得就业机会并增加了经济收入。

（四）环境效果

REDD+活动的环境效果不仅仅体现在减少毁林引起的碳排放或增加森林的碳汇及减缓气候变化方面，还体现在维持全球生态平衡、调节气候、保持水土、减少洪涝等自然灾害等方面。采用IPCC关于GPG-LULUCF中建议的储量变化法来量化为了执行与REDD+相关的政策而开展的活动、项目、碳汇交易所减少的碳排放或增加的汇清除。REDD+活动在维持全球生态平衡方面的环境效果的测量可以采用森林生态系统服务功能价值评估的方法来完成。此外，如果 REDD+活动的环境效果发生逆转（行动所减少的碳排放或汇清除发生碳逆转），可通过对 REDD+活动进行风险评估来测量。

（五）可持续性审定

可持续性审定具体是指，REDD+活动是否制定了完善的 REDD+活动管理和监测计划，是否严格按照计划对每次监测结果进行记录、归档，是否执行了质量控制和质量保证程序。

（六）成本有效性量化

成本有效性量化具体是指，为执行国家行动计划和政策措施而开展的活动、项目或碳汇交易所需要的成本及所产生的效益，并对其进行成本效益比较分析。

三、REDD+活动的可报告

对 REDD+活动进行报告的目的是使这些减缓行动具有透明性、可比性和准确性（GOFC-GOLD，2009）。我国的 REDD+活动报告应与国家信息通报制度相结合，按国家信息通报所规定的内容、频率、形式及报告的程序来实现。报告格式可自行开发，报告频率应与林业温室气体清单编制的频率相一致（每 2 年 1 次）。报告的内容应该包括开展 REDD+活动的目的、REDD+活动的类型和实施机构、发达国家提供的技术和资金、我国提供配套资金或 REDD+项目所带动的国家投资、REDD+活动的实施情况、REDD+活动对我国可持续发展和消除贫困的贡献、REDD+活动的环境效果和成本效益、REDD+活动的可持续性及 REDD+活动效果等内容。

四、REDD+活动的可核实

核实 REDD+活动及其效果的目的是评估 REDD+活动的实施情况、产生的环境效果及有效性。我国在制定核实原则时应确保核查过程不会给我国带来资金和资源上的压力和负担。我国对 REDD+活动的核实可采取以下一般性的程序。

1）确立可靠、透明、可比、准确及成本有效的 REDD+活动核实原则。

2）建立国家和省级的 REDD+活动核实办公室及培训机构。

3）开发我国 REDD+活动核实指南。

4）确定核实 REDD+活动的一般性指标，包括所制定的目的是否能实现、实施过程和效果是否与所报告的信息一致、是否合理地应用了所获得的资金和技术支持、是否对可持续发展和消除贫困有贡献、是否提高和促进了实施 REDD+活动的能力。

5）建立国家 REDD+活动核实小组，该小组成员应包括政策制定者、技术专家、咨询顾问和其他利益相关方。

6）建立评估、核实的信息公开制度，除保密信息外，核实的程序、方法、指南，核实小组及核实结果等信息都应通过公开渠道披露。

第五节　我国"三可"的意义

发展中国家实施的 REDD+活动应该采用国家标准还是国际标准进行测量、报告和核实是联合国气候谈判中附件一缔约方和非附件一缔约方在 REDD+"三可"问题上的最大分歧。

目前我国建立与国际接轨的 REDD+活动可测量、可报告和可核实体系框架的目的并非接受附件一缔约方关于采用国际标准独立核实 REDD+活动的要求，而是为了提高我国林业部门编制温室气体清单的能力，促进我国林业增汇减排技术的进步，验证发达国家所提供的资金、技术和能力建设的支持效果所采取的一种措施。建立和实施 REDD+活动可测量、可报告和可核实体系不能成为发达国家干涉我国内政和我国自己选择林业减缓行动的借口，更不能成为发达国家在我国林业部门投资并赚取利润的工具。

第七章　国际 REDD+项目活动及其方法学

联合国气候变化谈判关于 REDD+的讨论正在进行，但是进展缓慢。为了推动国际气候变化谈判进程，在一些国际组织的帮助下，在全球选取一些国家和地区开展 REDD+项目活动的调研和示范活动，希望能够为联合国气候变化谈判关于 REDD+项目相关的技术和方法讨论提供一些借鉴。

第一节　国际上关于 REDD+的行动

从 2005 年的第 11 次缔约方会议（COP11）上提出将"减少发展中国家因毁林所致排放（RED）"提上谈判日程以来，经过各方 4 年的努力，终于在 2009 年的第 15 次缔约方会议（COP15）上，REDD+得到缔约方的认可。根据 IPCC 第 4 次评估报告（2007），REDD 已经成为影响碳储量最大和最快速的林业减缓途径。减少发展中国家毁林和森林退化不仅是减缓全球温室气体排放的最直接手段，而且相对于其他减排手段而言还是一种具有成本效益的途径。据 Stern（2006）报告，减少毁林是非常节省成本的一种途径，减少每吨二氧化碳的平均成本为 1～2 美元。由于 REDD+在减缓气候变化过程中具有较好的效果和经济收益，因此在国际和国家减缓行动中具有很强的吸引力，已经慢慢成为全社会关注的焦点。REDD+可以通过资金机制将更多的碳固定在森林中，有助于发展中国家减少排放，是一种可持续发展的低碳途径。

为了减缓全球温室气体排放，实现 UNFCCC 最终目标和森林可持续管理，提高森林的碳储量，在国际组织和政府机构的支持下已经在不同范围内开始了 REDD+项目和试点活动。这些资金渠道一般通过政府机构、双边关系和多边关系等组织或途径实现，如 REDD+国家规划、联合国 REDD 项目（UN-REDD）、世界银行森林碳伙伴基金（WB-FCPF）、世界银行森林投资项目（WB-FIP）、REDD 伙伴关系等。本章主要对 UN-REDD 和 WB-FCPF 资助下的国家和示范项目进行调研，对比分析巴西、喀麦隆、越南、圭亚那、斯里兰卡、厄瓜多尔、墨西哥、老挝、多米尼加、秘鲁、加纳、肯尼亚和印度尼西亚 13 个国家的 REDD+活动；并根据分析的结果提出了建立参考水平和补偿标准的分步途径。

一、UN-REDD

2008 年 9 月在联合国粮食及农业组织（FAO）、联合国开发计划署（UNDP）

和联合国环境规划署（UNEP）的共同支持下启动了联合国 REDD 项目，目的是帮助发展中国家准备和执行国家 REDD+战略。到 2015 年 10 月，UN-REDD 项目合作伙伴国家已经增加至 64 个（表 7-1），其中，非洲有 28 个合作伙伴国家（6 个国家受到了 UN-REDD 项目的直接资助）；亚太地区有 19 个合作伙伴国家（9 个国家受到了 UN-REDD 项目的直接资助）；拉丁美洲和加勒比海地区有 17 个合作伙伴国家（6 个国家受到了 UN-REDD 项目的直接资助）。UN-REDD 项目，挪威是最大的捐助国，至 2015 年共捐款 2.23 亿美元；欧盟捐款 1306 万美元；丹麦捐款 990 万美元；西班牙捐款 549 万美元；日本捐款 305 万美元；卢森堡捐款 267 万美元。约有 2.52 亿美元的资金用于支持在非洲、亚太地区和拉丁美洲及加勒比海地区 21 个国家开展 REDD+的国家方案。此外，即使目前伙伴国没有直接获取 UN-REDD 项目的资金支持，也可通过该项目获得其他利益，如建立网络联系、共享知识与经验、参与该项目的全球性及区域性的研讨会、作为官方观察员参加该项目的政策委员会会议等。通过这些经验交流活动，可使伙伴国加强能力建设、做好 REDD+的实施准备。同时，UN-REDD 项目也在加强融资，以便在将来能够为伙伴国提供直接的资金支持。

表 7-1　UN-REDD 项目伙伴国家

非洲	亚太地区	拉丁美洲和加勒比海地区
刚果（布）	孟加拉国	阿根廷
科特迪瓦	柬埔寨	玻利维亚
刚果（金）	蒙古国	哥伦比亚
尼日利亚	巴布亚新几内亚	厄瓜多尔
坦桑尼亚	菲律宾	巴拿马
赞比亚	印度尼西亚	巴拉圭
	所罗门群岛	
贝宁	斯里兰卡	智利
布基纳法索	越南	哥斯达黎加
喀麦隆		多米尼加
中非	斐济	萨尔瓦多
乍得	印度	危地马拉
	不丹	圭亚那
赤道几内亚	老挝	洪都拉斯
埃塞俄比亚	马来西亚	牙买加
加蓬	缅甸	墨西哥
加纳	尼泊尔	
几内亚	巴基斯坦	秘鲁
几内亚比绍	萨摩亚	苏里南

续表

非洲	亚太地区	拉丁美洲和加勒比海地区
肯尼亚	瓦努阿图	
利比里亚		
马达加斯加		
马拉维		
摩洛哥		
南苏丹		
苏丹		
多哥		
突尼斯		
乌干达		
津巴布韦		

注：斜体表示该国家是 UN-REDD 项目直接资助国家

二、WB-FCPF

这是基于公共和私营组织合作的一种伙伴关系，于 2008 年 6 月 WB-FCPF 开始运作。WB-FCPF 通过 REDD+如何在国家水平上实施及从这些项目的执行过程中获得经验，并对 REDD+项目作出补偿、提供资金支持其 REDD+准备与示范活动，是为 REDD+项目准备活动建立一种机制，是 UNFCCC 谈判关于 REDD+的有效补充。该基金的目的是帮助这些国家获得资金方面的激励，为开展避免森林采伐和退化减排活动进行方法学开发、能力建设，准备、评估和试验 REDD+活动。

该基金包含两个专项基金。一个是"准备基金"，主要用于 2008～2012 年 REDD+项目相关前期准备工能力建设，通过准备基金的帮助建立 REDD+的政策系统，尤其是国家的战略，建立参考排放水平和 MRV 系统，到 2015 年已获得承诺的准备基金达 2.39 亿美元。另一个是"碳基金"，是 WB-FCPF 的第二大基金，2011 年已经运行，2012 年已获承诺捐资约 2.18 亿美元。碳基金的目标是在 2011～2015 年将实施 REDD+项目产生的碳信用纳入碳市场进行交易，同时在 REDD+项目执行过程中，给当地社区和居民为减排作出的贡献提供资金补偿。

三、WB-FIP

这是世界银行管理的气候投资基金下的一个子项目，2009 年正式启动，已获得承诺捐资 5.78 亿美元，目的是动员私营部门的资金来支持 REDD+活动实施，到 2011 年 11 月，该项目已拨付资金 700 万美元。

WB-FIPF 用于支持发展中国家减少因毁林与森林退化造成的排放，同时也考虑在适当时候帮助发展中国家适应气候变化对森林造成的影响，确保森林发挥效益，包括生物多样性保护和原住居民的生计。

四、REDD 伙伴关系

REDD 伙伴关系是 2010 年 5 月在挪威奥斯陆召开"气候变化和森林大会"时建立的一个自愿的临时性平台，旨在利用筹集的资金帮助发展中国家实施 REDD+活动，同时支持和促进《联合国气候变化框架公约》谈判进程。现有 73 个国家和一些国际组织作为成员国，发达国家承诺在 2010～2012 年对发展中国家减少毁林和森林退化提供约 45 亿美元的资金支持，并表达了在 2012 年后继续增加资金给予支持的愿望。

第二节 不同国家 REDD+活动和森林资源变化

根据 REDD+的国际行动和国内 REDD+项目活动，对比了巴西、越南、加纳等 13 个代表性国家的 REDD+项目在项目活动数量、参与的 REDD+国际项目、森林变化方面的情况（表 7-2）。其中，圭亚那、墨西哥和印度尼西亚 3 个国家拥有国家

表 7-2 不同国家 REDD+的国际行动和森林变化

国家	REDD+活动数量	FCPF	UN-REDD	2010 年森林覆盖率/%	年毁林率/%	
					1990～2000 年	2000～2010 年
巴西	36（7）			62	0.5	0.5
喀麦隆	20（9）	√		42	0.9	1.0
越南	16（8）	√	√	44	−2.3	−1.6
圭亚那	13（10）	√	√	77	0	0
斯里兰卡	5（4）		√	29	1.2	1.1
厄瓜多尔	15（9）		√	36	1.5	1.8
墨西哥	48（20）	√	√	33	0.5	0.3
老挝	20（9）	√		68	0.5	0.5
多米尼加	4（3）			41	0	0
秘鲁	34（10）	√	√	53	0.1	0.2
加纳	11（5）	√		22	2.0	2.1
肯尼亚	25（8）	√		6	0.3	0.3
印度尼西亚	48（14）	√	√	52	1.7	0.5

注：括号内数据是国家水平上的 REDD+活动数量，"√"代表属于森林碳伙伴基金成员或 UN-REDD 项目成员国
资料来源：①CIFOR，2009；②http://www.theredddesk.org/countries

REDD 计划（National REDD Plan），并在森林碳伙伴基金（FCPF）和联合国 REDD 项目（UN-REDD）的资助下开展了 REDD+示范项目。

一、REDD+活动数量

表 7-2 是不同国家开展的 REDD+活动数量，墨西哥和印度尼西亚两国开展的 REDD+活动项目数量较多，其次是巴西和秘鲁，斯里兰卡和多米尼加的 REDD+活动项目数量较少，其中墨西哥开展的国家水平的 REDD+活动最多。尽管巴西和多米尼加不属于森林碳伙伴基金成员和森林碳伙伴基金伙伴关系国家，但是各自都进行着 REDD+活动，且巴西是森林投资项目（FIP）的示范点。截至 2015 年，巴西共开展了 36 项 REDD+活动，其中有 2 项活动已经完成，国家水平和次国家水平的活动各 1 项；国家水平的活动有 7 项；29 项次国家水平的 REDD+活动，8 项活动正在规划中，20 项活动正在进行中。多米尼加开展了 4 项活动，其中 3 项是国家水平的活动。

二、森林面积变化

造成毁林和森林退化的原因主要是人类活动（朱守谦，1993；谷野和王敏，2010；Conafor，2010）。巴西是由于农业的扩张；墨西哥主要是由于农业和畜牧业导致的土地利用变化（Conafor，2010）及旅游、开矿、生物能源和城市化发展；印度尼西亚的毁林驱动力来自农田耕作方式的变化、森林火灾、开矿和采伐，棕榈树种植和生物能源的生产（Steni et al.，2010）；肯尼亚的毁林驱动力主要是人口增长、农业扩展、不可持续的木材采伐、高能源需求和过度放牧（Walubengo and Kinyanjui，2010）。

根据 FAO（2011）数据，2010 年森林覆盖率方面，圭亚那的森林覆盖率较高，肯尼亚的较低（图 7-1）。对比 1990～2000 年和 2000～2010 年年平均毁林率数据（图 7-2），位于亚洲的越南和中国的森林覆盖率在增加，且越南 1990～2000 年森林植被的增长率高于同期中国森林植被的增长率。毁林加剧的国家有喀麦隆、厄瓜多尔、秘鲁和加纳等国，毁林速率减少的国家包括斯里兰卡、墨西哥和印度尼西亚。尽管 2000～2010 年巴西的毁林速率相对于 1990～2000 年没有变化，但是 2005～2010 年的年平均毁林率下降至 0.42%，然而巴西森林碳储量是逐渐下降的（FAO，2010）。2000～2010 年与 1990～2000 年相比，全球年平均毁林率总体下降了 0.1%（图 7-3）。在区域水平上，欧洲森林面积持续增加，但增速变缓，欧洲森林面积的增加主要是造林和森林在农业用地上自然扩张的结果，和其他区域相比，欧洲是 1990～2010 年唯一森林面积净增加的区域（FAO，2011）。亚洲在 2000～2010 年森林面积也在增加，这主要是中国大规模植树造林的结果；另

外，印度、越南、菲律宾和不丹的森林面积也有所增加，但在该区域许多国家的
毁林率仍很高，如印度尼西亚（FAO，2011）。

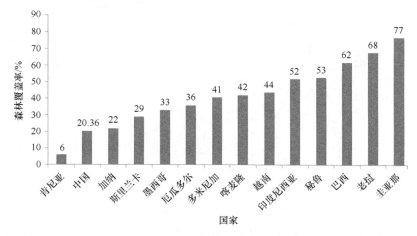

图 7-1 2010 年森林覆盖率

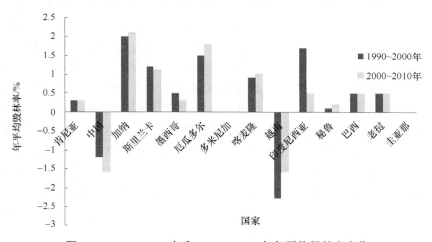

图 7-2 1990～2000 年和 2000～2010 年年平均毁林率变化

三、参考水平

参考水平的建立是评估 REDD+活动成效并确定给予开展这些活动的补偿标准
的前提条件。表 7-3 对比了 13 个发展中国家在参考水平、保障措施、"三可"（MRV）
及 REDD+活动资金来源 4 个方面的差异。参考水平的规模包括全球水平、国家水平
和次国家水平，大多数国家支持在国家水平建立参考水平（Parker et al.，2009）。
建立参考水平的依据主要包括历史参考水平、历史调整参考水平、预测参考水平

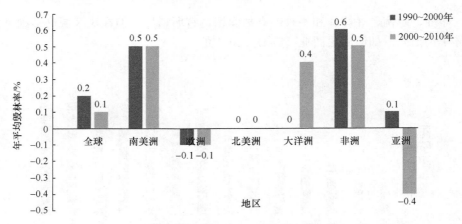

图 7-3 1990～2000 年和 2000～2010 年区域水平年平均毁林率

和综合参考水平。在国家水平上，巴西、越南和厄瓜多尔采用的是历史参考水平，其中巴西建议采用动态平均历史参考水平，毁林率以 2000～2009 年的历史毁林率为基础，且每 5 年更新一次（Amazon Fund，2009）；越南则建议历史毁林率至少要追溯到 1990 年水平；厄瓜多尔是基于 1990 年基准年的历史毁林率。圭亚那采用的是综合参考水平，即以国内历史毁林率和全球历史毁林率的平均值为基础建立的，墨西哥、喀麦隆、加纳和肯尼亚建议采用的是历史调整参考水平，即在历史毁林率的基础上根据人口经济等因素调整参考水平，欧盟、日本和加拿大等发达国家和地区也支持以历史调整参考水平为依据（Parker et al.，2009）；秘鲁和印度尼西亚采用预测参考水平，且秘鲁和老挝的参考水平是通过嵌套的方法建立的，即将次国家水平参考水平和项目的参考水平整合到国家水平的参考水平。在次国家水平和项目水平上，巴西分别采用预测参考水平和历史参考水平；越南按生态区和生态因子分层建立参考水平，采用历史毁林作为参考水平的依据，主要是因为现实毁林与过去的毁林有一定的联系，且这种方法比较简单（表 7-3）（Parker et al.，2009）。

四、保障措施

在 REDD+活动保障措施方面，除了喀麦隆和越南没有提到保障措施外，其他国家都通过一些政策和制度来保障 REDD+活动的顺利执行，如战略环境和社会评估（SESA）、环境和社会管理框架（ESMF）及低碳发展战略（LCDS）；或者是通过一些标准体系来认证以保障活动的成果，如森林管理委员会（Forest Stewardship Council，FSC）和气候、社区与生物多样性联盟（the Climate，Community & Biodiversity Alliance，CCBA）保障措施 Plan Vivo 认证。

表 7-3 不同国家参考水平、保障措施、MRV 和资金渠道方面的对比

国家	参考水平		保障措施	MRV	资金
	国家水平	次国家水平或项目水平			
巴西	动态平均历史参考水平	预测参考水平或历史参考水平	建立 REDD+国家系统，政府和非政府广泛参与，政策和法律保障	监测能力强，通过巴西亚马孙森林监测方案，数据共享	国内：联邦政府提供气候变化国家基金 国际：FIP、亚马孙基金、GTZ 次国家水平的资金来源广泛，包括能购买额外性的私营企业主和营利机构
喀麦隆	历史调整参考水平（考虑人口）	预测参考水平	—	监测能力低	国际：德国复兴信贷银行（KfW）、GIZ、EU、GEF、FCPF
越南	历史参考水平	按生态区和生态因子分层	—	通过卫星获得数据，核查基于遥感影像	国际：UN-REDD 和芬兰、挪威及日本政府
圭亚那	综合参考水平	—	低碳发展战略（LCDS），信托机制	能力低，基于分阶段的方法建立国家 MRV 系统	国际：挪威政府、FCPF、CI、IDB
斯里兰卡	—	—	无，但自愿森林碳市场满足 Plan Vivo 认证	—	国内：政府资助 国际：UN-REDD
厄瓜多尔	历史参考水平（基准年）	—	REDD+社会环境标准（SES）	从无到有，建立国家监测系统，利用遥感卫星数据	国内：中央政府 国际：FAO、GIZ、KfW 和 UN-REDD 项目
墨西哥	历史调整参考水平	—	战略环境和社会评估（SESA）；项目尺度上，FSC 和 CCBA 保障措施	基于遥感和地面清查相结合的方法，学及社会和环境评估系统，执行多功能和多尺度的 MRV 系统，设计是基于 GOFC-GOLD 的方法学	国内：墨西哥森林基金 国际：挪威政府、法国开发机构和美西班牙国际发展合作机构和发展国际发展基金、FCPF、欧盟的拉美投资基金、以及 UNDP、IDB、IBRD 和 GEF
老挝	综合（嵌套的方法）	次国家水平和项目参考水平整合成国家参考水平	无国家和省级的保障措施系统，正在开发	正在进行	FIP、JICA、FCPF、挪威政府、法国开发机构、西班牙国际发展合作机构、欧盟的拉美投资基金及美国国际发展机构及美国国际国际发 UNDP、IDB、IBRD、GEF 的资助
多米尼加	正在研究、建议先试点，然后再到国家参考水平	—	加勒比海地区第一个开发国家气候应对发展规划的国家	建立多水平的 MRV 系统	中央或当地政府投资、GIZ、GEF、UNDP、海地政府

续表

国家	参考水平		保障措施	MRV	资金
	国家水平	次国家水平或项目水平			
秘鲁	预测参考水平（嵌套式方法）	—	SESA，环境和社会管理框架（ESMF）	强调 LULUCF 的 MRV	主要来自国际基金、FCPF、摩尔基金会、德国发展银行资助
加纳	历史调整参考水平	—	SESA	到 2013 年年底建立基于地面和遥感数据相结合的方法	加纳政府、FCPF、FIP、荷兰皇家政府、法国开发机构、欧盟国际发展部、国际开发机构
肯尼亚	历史调整参考水平	—	SESA	无，基于地面和遥感数据相结合的方法	双边来自日本，多边来自 FCPF
印度尼西亚	预测参考水平	次国家参考水平和项目参考水平在国家参考水平上确定	通过国家战略来保障	在国家 REDD+工作力量的意向书规定下建立的	挪威政府、UNDP

五、"三可"的问题

在建立可测量、可报告和可核实的"三可"(MRV)系统方面，全球森林和土地覆盖动态观测(GOFC-GOLD)和关于国家水平上 REDD+活动的方法问题，已经走在了监测和评估的前列(GOFC-GOLD，2010)。由于缺乏相应的数据，喀麦隆、斯里兰卡、厄瓜多尔、圭亚那和肯尼亚等国在"三可"方面能力较低，其他国家正在建立或者已经建立了"三可"系统。

六、资金渠道

REDD+活动的资金渠道主要包括国内资助和国际(双边、多边)资助，资金来源广泛。国内资助一般是中央政府和地方政府机构的投资；国际资助主要来自 UN-REDD 项目和森林碳伙伴基金(FCPF)及其他国家(挪威、日本、荷兰等)和非政府组织(NGO)，如美洲开发银行(IDB)、国际复兴开发银行(IBRD)、GEF、FIP、德国国际合作机构(GIZ)、德国技术合作公司(GTZ)、EU 等。

综上所述，建立参考水平或基线是评价 REDD+活动的基础，这也为资金补偿提供了一个基准或参考标准。参考水平的设定主要是通过历史参考水平和预测未来参考水平及考虑其他条件建立的综合参考水平或历史调整参考水平等途径实现。通过政策和体制来保障 REDD+活动的顺利开展。MRV 体系的建立将地面清查和遥感等手段结合是今后发展的必然趋势。

第三节　主要发展中国家新分类

全球森林面积总体在增长，但毁林现象依然严重，尤其是在发展中国家。亚洲和太平洋地区总体情况是森林覆盖率不高，森林面积出现了增长，但印度尼西亚、马来西亚、柬埔寨、老挝、缅甸、菲律宾、朝鲜、蒙古国、孟加拉国、尼泊尔、巴基斯坦、斯里兰卡等国毁林现象严重；中亚地区大部分国家森林覆盖率低、毁林率低，一般森林面积并未减少；西亚除阿富汗毁林率较高外，其余国家的森林面积一般处于稳定状态或增加；南美洲和中美洲大部分地区是森林覆盖率高但毁林严重的国家；加勒比海地区除多米尼克、海地、法属瓜德罗普和美属维尔京群岛毁林严重外，其他国家的毁林不严重，尽管多米尼克森林覆盖率高，但毁林率也较高；东欧各国毁林极少，除爱沙尼亚和斯洛文尼亚森林覆盖率比较高外，其余国家的森林覆盖率低。非洲大部分国家森林覆盖率低，且毁林比较严重。分析 FAO 的统计数据，按照森林覆盖率和毁林率的差异，对主要发展中国家进行了重新归类，具体的分类见表 7-4。

表7-4　主要发展中国家的类型划分

	高覆盖率（>50%）	低覆盖率（<50%）
高毁林率 （>0.2%）	区域Ⅰ：17个国家/地区 亚洲（6个）：朝鲜、印度尼西亚、马来西亚、柬埔寨、老挝、东帝汶 非洲（6个）：巴布亚新几内亚、刚果（金）、赤道几内亚、赞比亚、加纳、几内亚比绍 美洲（3个）：玻利维亚、巴西、委内瑞拉 加勒比海地区（2个）：多米尼克、美属维尔京群岛	区域Ⅱ：52个国家/地区 亚洲（10个）：蒙古国、孟加拉国、尼泊尔、巴基斯坦、斯里兰卡、缅甸、菲律宾、泰国、亚美尼亚、阿富汗 非洲（32个）：埃及、肯尼亚、布隆迪、喀麦隆、乍得、科摩罗、厄立特里亚、埃塞俄比亚、马达加斯加、毛里求斯、法国的马约特、法属留尼旺、索马里、乌干达、坦桑尼亚、毛里塔尼亚、苏丹、博茨瓦纳、马拉维、莫桑比克、纳米比亚、津巴布韦、贝宁、布基纳法索、几内亚、利比里亚、马里、尼日尔、尼日利亚、塞内加尔、塞拉利昂、多哥 美洲（8个）：阿根廷、厄瓜多尔、巴拉圭、萨尔瓦多、危地马拉、洪都拉斯、尼加拉瓜、墨西哥 加勒比海地区（2个）：法属瓜德罗普、海地
低毁林率 （<0.2%）	区域Ⅲ：16个国家/地区 亚洲（1）：不丹 非洲（3个）：刚果（布）、加蓬、塞舌尔 东欧（2个）：爱沙尼亚、斯洛文尼亚 美洲（7个）：伯利兹、巴拿马、哥伦比亚、法属圭亚那、圭亚那、秘鲁、苏里南 加勒比海地区（3个）：英属安圭拉、巴哈马、英属特克斯和凯科斯群岛	区域Ⅳ：77个国家/地区 亚洲（26个）：中国、印度、马尔代夫、越南、阿塞拜疆、格鲁吉亚、哈萨克斯坦、吉尔吉斯斯坦、塔吉克斯坦、土库曼斯坦、乌兹别克斯坦、巴林、塞浦路斯、伊朗、伊拉克、以色列、约旦、科威特、黎巴嫩、阿曼、卡塔尔、沙特阿拉伯、叙利亚、土耳其、阿联酋、也门 非洲（18个）：南非、智利、中非、卢旺达、英属圣赫勒拿岛、圣多美和普林西比、吉布提、阿尔及利亚、摩洛哥、突尼斯、西撒哈拉、安哥拉、莱索托、南非、斯威士兰、佛得角、科特迪瓦、冈比亚 东欧（14个）：阿尔巴尼亚、波黑、保加利亚、克罗地亚、捷克、匈牙利、拉脱维亚、立陶宛、波兰、罗马尼亚、塞尔维亚、黑山、斯洛伐克、南斯拉夫 美洲（3个）：哥斯达黎加、智利、乌拉圭 加勒比海地区（16个）：安提瓜和巴布达、阿鲁巴、巴巴多斯、百慕大、古巴、多米尼加、格林纳达、牙买加、马提尼克、蒙特塞拉特、荷属安的列斯、波多黎各、圣基茨和尼维斯、圣卢西亚、圣文森特和格林纳丁斯、特立尼达和多巴哥

数据来源：FAO，世界森林状况—2009，罗马，2009

　　本章概述了目前国际上主要的 REDD+项目活动，并着重分析了在 UN-REDD 和 FCPF 资助下，巴西、越南、肯尼亚等 13 个国家森林覆盖变化、开展 REDD+ 示范活动的数量、参考水平、保障措施、资金渠道等方面的内容，并根据森林覆盖率和毁林率将发展中国家分成了 4 个区域。为了减少毁林和森林退化导致的碳排放，在国际 REDD+项目活动资金的帮助下，提高发展中国家 REDD+活动在计量、监测和核查方面的能力建设，同时也为其他地区提供经验和信息。要实现这些，不仅需要在国家水平和次国家水平上建立参考水平，对 REDD+活动的减排成效进行评估，并对减排的效果进行补偿，还需要提供国家战略制度和融资机制等保障措施。最后，根据森林覆盖率和毁林率变化的不同，对主要发展中国家进行了重新归类。

第八章　REDD+对全球林产品贸易及中国的影响

自 2009 年开始，在 UN-REDD 计划、世界银行森林碳伙伴基金及一些双边或者国内资金的支持下，热带地区的许多发展中国家已开展了大量的 REDD+示范项目，目的是帮助这些国家增加森林面积，并提高当地社区居民生活水平和森林可持续管理能力。REDD+项目活动将给这些国家的森林资源变化和木材产品的出口贸易带来潜在的影响。理论上，REDD+项目活动的实施，将会引起项目国家木材生产量和出口量的减少。本章将通过实证方法分析 REDD+项目活动对林产品生产和贸易量的影响。

本章探讨了 REDD+项目活动对全球木材产品生产和贸易变化的影响；选择 UN-REDD 项目国家，根据资源禀赋的特点，进一步分析了 REDD+项目活动对这些国家木材生产和出口贸易的直接影响；根据中国木材国际贸易形势和原木进口来源国别的特点，研究了 5 个 UN-REDD 项目国家的原木出口及中国从这些国家进口原木的变化，并探讨了 REDD+项目活动对中国木材进口贸易的影响。最后，从中国林业应对气候变化的政策规划制定、林业碳计量系统建设和碳交易三个方面分析了 REDD+项目活动对中国的影响。

第一节　REDD+对全球和中国林产品贸易的影响

一、全球原木和锯材的生产量和贸易量

（一）全球原木生产量和贸易量

自 2000 年以来，随着全球经济的迅猛发展、人口增长和城市化进程的加快，全球木材产品生产和贸易量总体呈增长的态势。根据联合国粮食及农业组织统计数据资料（http://faostat3.fao.org/download/F/FO/E），2014 年全球原木的生产量、进口量和出口量相对于 2000 年分别增长了 7.10%、19.66%和 20.94%，原木进出口贸易量的增长程度明显高于原木的生产量增幅。由于 2008 年和 2009 年受全球经济危机的影响，这两年原木生产量和进出口贸易量出现下降的趋势，之后随着经济的恢复，原木生产量和国际贸易量又逐渐上升。2000 年、2008 年、2009 年，以及 2012～2014 年，全球原木的出口量高于当年进口量（图 8-1）。

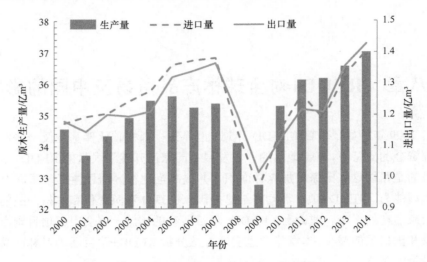

图 8-1　全球原木生产量和进出口量变化

　　毁林主要发生在热带地区的发展中国家，我们下面将通过分析全球针叶工业原木和阔叶工业原木的生产量和进出口贸易量来进一步研究 REDD+项目活动对国际林产品贸易的影响。

　　2000～2014 年，全球针叶工业原木和阔叶工业原木生产量、贸易量的变化趋势与原木的生产量、贸易量的变化趋势基本一致，但也有一定的不同。其中，针叶工业原木的波动幅度要明显大于阔叶工业原木的波动幅度，且二者的生产量在2009～2014 年均在增长（图 8-2，图 8-3）。2014 年针叶工业原木的生产量较 2000 年

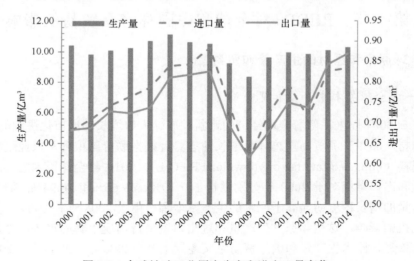

图 8-2　全球针叶工业原木生产和进出口量变化

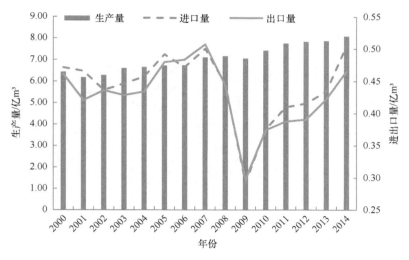

图 8-3　全球阔叶工业原木生产量和进出口量变化

针叶工业原木的生产量下降了 1.43%；但阔叶工业原木的生产量较 2000 年阔叶工业原木的生产量增加了 25.98%。2014 年针叶工业原木进出口贸易量相对于 2010 年的数据分别增长了 22.37%和 27.26%；阔叶工业原木的进口量和出口量分别增长了 7.22%和 1.03%。

　　2000～2009 年，针叶工业原木出口量的年平均增长率为–0.83%，2010～2014 年，年平均增长率为 7.28%；2000～2009 年和 2010～2014 年阔叶工业原木出口量的年平均增长率分别为–3.87%和 9.81%。可见，2010～2014 年二者的出口量从数量和年平均增长率两个方面与 2000～2009 年相比都有不同程度的增加，且阔叶工业原木的出口量增幅要高于针叶工业原木出口量增幅。

　　2000～2014 年全球原木出口量占当年原木生产量的比例始终保持在 3.10%～3.86%；全球工业原木出口量占原木生产量的比例为 5.93%～7.85%；针叶工业原木和阔叶工业原木的出口量占生产量的比例分别保持在 6.56%～8.47%和 4.22%～7.18%（图 8-4）。

（二）全球锯材生产量和贸易量

　　自 2000 年以来，全球锯材生产量和进出口量变化与全球原木生产量和国际贸易量的变化趋势基本一致（图 8-5）。锯材的生产量和国际贸易量从 2007 年开始减少，2008 年和 2009 年受经济危机影响迅速下降，直到 2010 年才又开始增加。2014 年锯材的生产量、进口量和出口量相对于 2010 年分别增长了 46.61%、12.02%和 17.15%，锯材的生产量增加较快。2000～2014 年的 15 年期间，除 2000 年和 2007 年锯材的进口量高于当年的出口量外，其余 13 年间，锯材的进口量都低于当年的出口量（图 8-5）。

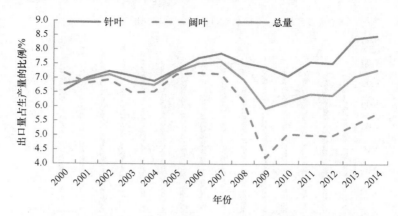

图 8-4　全球工业原木出口量占其生产量的比例变化（详见书后图版）

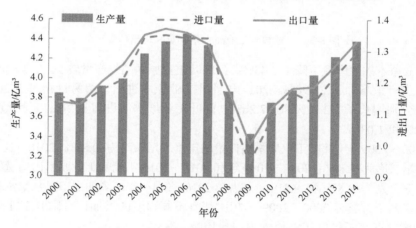

图 8-5　全球锯材生产量和进出口量变化

2000～2014 年，全球针叶锯材和阔叶锯材的生产量和进出口贸易量的变化曲线出现了两个波峰；同样受 2008～2009 年全球经济危机的影响，这两年锯材的生产量和进出口量都出现了下降，但随后又开始上升（图 8-6，图 8-7）。2014 年针叶锯材和阔叶锯材的生产量比 2000 年的生产量分别增加了 11.73%和 20.04%，针叶锯材的生产量增幅低于阔叶锯材生产量的增幅；2014 年针叶锯材和阔叶锯材的出口量分别比 2000 年增加了 19.16%和 8.22%，针叶锯材的出口量增幅高于阔叶锯材出口量的增幅。2014 年的阔叶锯材进口量与 2000 年相比是减少了。2010～2014 年，针叶锯材的出口量一般要高于当年的进口量。2000～2009 年，针叶锯材出口量的年均增长率为–0.78%，2010～2014 年年均增长率为 5.55%；2000～2009 年，阔叶锯材出口量的年均增长率是–2.44%，2010～2014 年年均增长率是 7.35%。2010～2014 年两种锯材出口量的年均增长率高于 2000～2009 年的出口量年均增长率；

2000~2009 年，针叶锯材的出口量增幅高于阔叶锯材的出口量增幅，而 2010~2014 年针叶锯材的出口量增幅却低于阔叶锯材的出口量增幅。这些结果都与实施 REDD+ 项目活动后，会减少木材产品的出口量的理论假设相反。

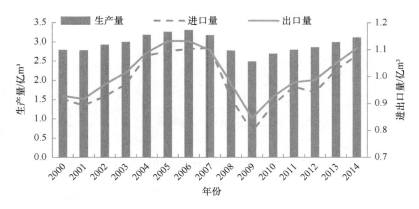

图 8-6　全球针叶锯材生产量和进出口量变化

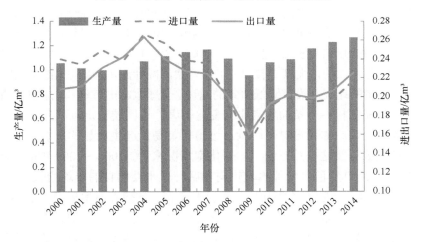

图 8-7　全球阔叶锯材生产量和进出口量变化

2000~2014 年，全球锯材出口量占当年锯材生产量的比例始终保持在 29.20%~ 31.77%；全球针叶锯材和阔叶锯材的出口量占生产量的比例分别为 32.97%~35.42% 和 16.80%~24.59%，且从 2004 年以后阔叶锯材的比例逐渐下降到 2009 年的 16.80%，然后到 2014 年波动性不大，基本上保持稳定（图 8-8）。

（三）REDD+项目活动对全球原木和锯材生产及贸易的影响分析

通过实施 REDD+项目活动可以减缓大气中温室气体浓度增加的速率，因此，

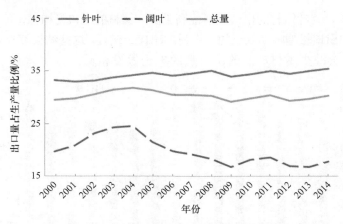

图 8-8　全球锯材出口量占生产量比例变化（详见书后图版）

热带地区的许多发展中国家在 UN-REDD 计划，以及其他"双边"计划或国内支持下也开展了 REDD+项目活动。从理论上推断，2010～2014 年原木和锯材的生产量增幅和出口量增幅要低于 2000～2009 年二者的生产量增幅和出口量增幅。然而，从前面两小节的结果可以看出，除了 2008～2009 年因全球经济危机导致全球二者的生产量及进出口量出现下降以外，2000～2014 年全球二者的生产量及进出口量总体趋势是增加的，尤其是自 2010 年开始，阔叶原木和阔叶锯材的出口量及出口量占生产量的比例都没有降低情景的出现。全球原木出口量和锯材出口量占当年原木生产量和锯材生产量的相应比例变化不大，也比较稳定。可见，REDD+项目活动并未对全球原木和锯材生产量及进出口贸易量产生明显的影响。

　　从贸易量数据及这些数据的年均变化率情况来看，2008～2009 年的经济危机导致了 2000～2009 年的针叶原木及锯材和阔叶原木及锯材的年均增长率为负值，但是 2010～2014 年，它们的年均增长率都是正值，且阔叶原木出口量的年均增长率大于针叶原木出口量的年均增长率，阔叶锯材出口量的年均增长率大于针叶锯材出口量的年均增长率。这也进一步说明 REDD+项目活动未对全球原木和锯材的出口量产生明显的影响。

　　综合上述数据和分析可以看出，REDD+项目活动并未对全球的原木和锯材的生产量及出口量带来明显的影响。

二、REDD+项目活动对 UN-REDD 项目国影响的实证分析

　　UN-REDD 项目在 FAO、UNEP 和 UNDP 的联合组织下于 2008 年启动，通过资金和技术来援助项目合作伙伴国家以开发和执行国家 REDD+战略。截至 2015 年 12 月，UN-REDD 项目累计收到捐款 2.55 亿美元。其中，91%已经用于 UN-REDD

项目。

　　项目研究组从 UN-REDD 项目国中选择马来西亚、印度尼西亚、巴布亚新几内亚（PNG）、越南和所罗门群岛 5 个国家，分析 REDD+项目活动对这些国家原木生产量和原木出口量的影响。选择这 5 个国家的原因有三个：①它们均是 UN-REDD 项目国家；②它们均是热带森林国家；③它们均是中国重要的木材贸易伙伴国家，是中国原木和锯材的主要来源国。

（一）UN-REDD 项目国原木生产量和出口量

　　2000～2014 年，选择的 5 个 UN-REDD 项目国中巴布亚新几内亚和所罗门群岛的原木生产量和出口量是上升的，马来西亚和印度尼西亚的原木生产量和出口量是下降的，越南的原木生产量总体趋势是下降的，而原木出口量是波动性上升（图 8-9，图 8-10）。巴布亚新几内亚和所罗门群岛 2014 年的原木生产量较 2000 年分别上升了 36.22%和 251.85%，马来西亚、印度尼西亚和越南 2014 年的原木生产量比 2000 年分别下降了 26.40%、18.00%和 13.65%。2014 年巴布亚新几内亚、所罗门群岛和越南原木出口量相对于 2000 年分别上升了 100.70%、328.17%和 402.86%，马来西亚和印度尼西亚的原木出口量分别下降了 48.90%和 97.76%。所罗门群岛原木生产量增加得最快，出口量增加也较快；虽然越南原木出口量增幅较大，但是由于在 2000 年时原木出口量较低，2014 年时出口量的绝对数量不是很大。印度尼西亚的原木出口量下降得最快。2010～2014 年，巴布亚新几内亚、所罗门群岛和越南的原木出口量都是增加的趋势，印度尼西亚的原木出口量是下降的趋势，马来西亚则呈"V"形变化，2010～2012 年是下降趋势，2013～

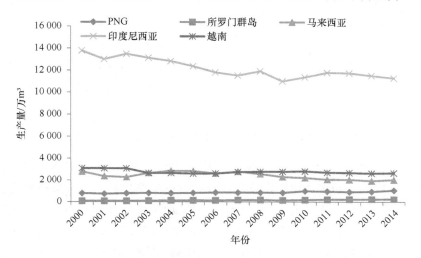

图 8-9　UN-REDD 项目国原木生产量变化（详见书后图版）

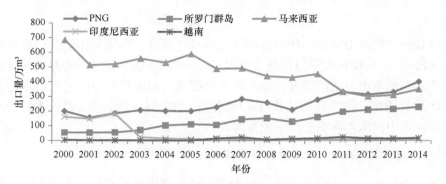

图 8-10　UN-REDD 项目国原木出口量变化

2014 年原木出口量开始上升（图 8-10）。从原木出口量占生产量的比例来看（图 8-11），巴布亚新几内亚、所罗门群岛和越南的原木出口量占生产量的比例是增加的，2014 年这三个国家原木出口量占当年生产量的比例与 2000 年相比分别增长了 12.06%、16.52%和 0.55%；马来西亚和印度尼西亚的出口量占生产量比例是降低的，这两个国家 2014 年的原木出口量占当年生产量的比例较 2000 年分别减少了 7.55%和 1.14%。

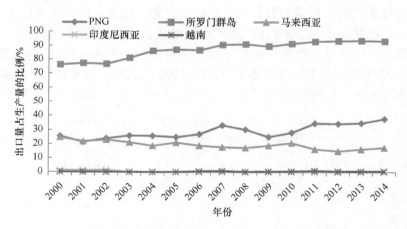

图 8-11　UN-REDD 项目国原木出口量占生产量的比例变化

2000～2014 年，巴布亚新几内亚、所罗门群岛和越南的锯材生产量和出口量总体趋势在增加；马来西亚和印度尼西亚的锯材生产量和出口量总体趋势在降低（图 8-12，图 8-13）。2014 年巴布亚新几内亚、所罗门群岛和越南的锯材生产量与 2000 年锯材生产量相比分别增长了 105.00%、233.33%和 103.39%；这三个国家锯材的出口量相应地分别增长了 7.27%、725.00%和 2850.00%。其中，所罗门群岛和越南 2000 年锯材出口量较低，尽管增幅较大，但出口量增加的绝对值不大。2014

年马来西亚和印度尼西亚的锯材生产量与 2000 年各自国家锯材生产量相比分别下降了 20.16%和 35.86%；这两个国家 2014 年的锯材出口量较 2000 年的锯材出口量分别下降了 25.62%和 34.65%，锯材出口量的下降比例基本上与各自国内生产量的下降比例一致。从锯材出口量占生产量的比例来看（图 8-14），这 5 个国家在 2004 年锯材出口量占生产量的比例同时出现一个峰值。巴布亚新几内亚锯材出口量占生产量的比例总体呈下降趋势，15 年共下降了 45.41%；所罗门群岛锯材出口量占生产量的比例总体呈升高的趋势，增加了 49.17%；越南锯材出口量占生产量的比例升高了 6.41%；马来西亚和印度尼西亚整体变化情况呈波动性，但 2014年相较 2000 年变化不大。

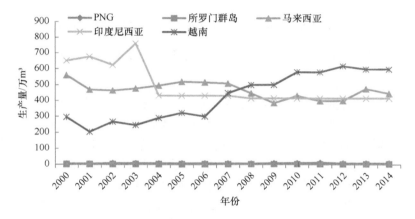

图 8-12　UN-REDD 项目国锯材生产量变化

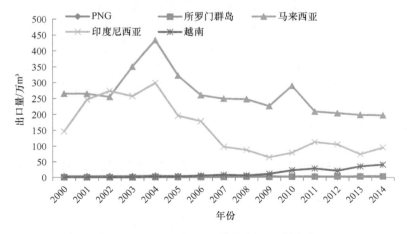

图 8-13　UN-REDD 项目国锯材出口量变化

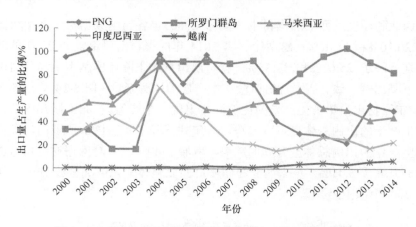

图 8-14　UN-REDD 项目国锯材出口量占生产量的比例变化

（二）REDD+活动对 UN-REDD 项目国原木和锯材生产量及出口量的影响分析

影响木材产品生产量和国际贸易量的原因主要可归纳为内部因素和外部条件。其中，内部因素是森林资源的禀赋条件，这是决定木材生产量的基础，并可以引起国际贸易量的变化。外部条件主要是经济发展和人口变化因素，这是影响木材生产和国际贸易的外部刺激因素。经济发展会刺激供给方面的变化而导致进出口贸易量的变化，人口增长会影响到木材需求的增加，进而促进木材生产量和贸易量的增加。此外，森林可持续管理、采伐、生物能源利用及应对气候变化方面的政策也会影响木材产品的生产量和贸易量变化。

本节选择的这 5 个 UN-REDD 项目国家的森林资源禀赋在所属区域相对都比较高，除越南外，其余 4 个国家一般属于高森林覆盖率和高毁林率的国家（表 7-4）。尽管在 UN-REDD 项目的支持下，REDD+项目活动使得除所罗门群岛以外的 4 个国家的森林覆盖率在 2010～2015 年都产生了不同程度的增加，所罗门群岛 2015 年森林覆盖率相比较 2010 年下降了 0.9%（图 8-15）。然而，根据上述的原木生产量和贸易量及锯材的生产量和贸易量，以及出口量占生产量比例的分析结果，并未发现 REDD+项目对原木、锯材的生产量和出口量产生明显的影响。

三、UN-REDD 项目国原木出口量变化对中国原木进口量的影响分析

（一）中国原木进口

2000～2014 年，中国原木进口量总体呈上升趋势（图 8-16）。2008～2009 年由于受全球经济危机的影响，原木进口量有所回落；2012 年国内经济增长下滑、国内生产成本提高和资金紧张等导致原木进口量下降。尽管我国原木生产量一直

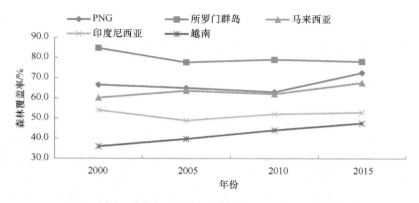

图 8-15　UN-REDD 项目国森林覆盖率变化（详见书后图版）

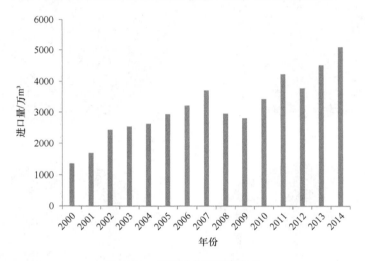

图 8-16　中国原木进口量变化

处于上升态势，但木材供需的结构性矛盾十分突出，2014 年木材对外依存度为 48%。2014 年木材产品市场总需求为 5.39 亿 m³，进口原木及其他木质林产品折合木材约 2.59 亿 m³，原木进口量为 5119.49 万 m³（国家林业局，2015）。2014 年原木进口量是 2000 年原木进口量的 3.76 倍。

　　为减缓并遏制毁林和森林退化，提高森林管理水平和森林碳储量，自 20 世纪 90 年代开始，森林一直是联合国环境发展大会和气候变化谈判的重要内容，且有关森林的内容已经作为单独条款纳入《巴黎协定》。联合国及其他一些官方援助也已经开始推动森林可持续经营和保护，使得许多林业国家已经开始调整国内林业政策，最大限度地减少毁林和防止森林退化的发生。在这样的国际背景下，我国原木进口的主要来源国也逐渐从俄罗斯，东南亚地区的热带雨林国家如印度尼西亚、马来西亚等传统的森林资源国家，转向美国、加拿大、澳大利亚和新西兰等拥有丰富森林资源的国家（图 8-17）。最近几十年，随着新西兰等国家大面积推广人工林栽培，现在这些人工林已经逐渐成熟，使这些国家依靠人工林成为重要的木材出口国。中国海关统计数据显示，新西兰从 2013 年开始已经超过俄罗斯成为中国最大的木材进口来源国。

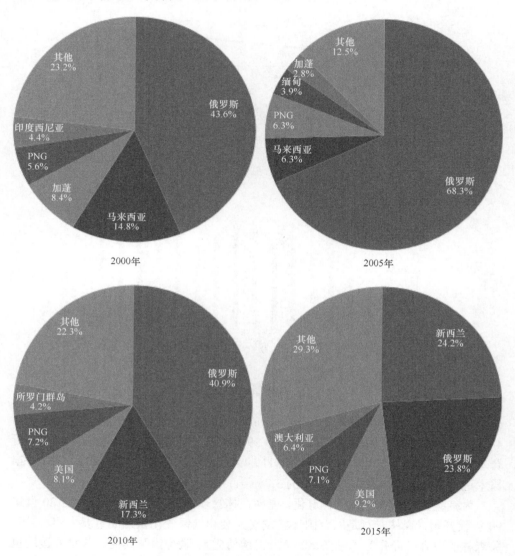

图 8-17　我国原木进口主要来源国的比例变化

（二）UN-REDD 项目国出口到中国的原木变化

本节选择的 5 个 UN-REDD 项目国家中，巴布亚新几内亚、所罗门群岛和越南出口到中国的原木量在 2000～2013 年整体呈增长趋势，马来西亚和印度尼西亚出口到中国的原木量在 2000～2013 年总体是下降的趋势（图 8-18）。2013 年巴布亚新几内亚、所罗门群岛和越南出口到中国的原木量较 2000 年分别增长了 2.6 倍、21.5 倍和 15.1 倍；2013 年马来西亚和印度尼西亚出口到中国的原木量分别是 2000 年出口到中国的原木量的 21.88% 和 1.40%。2000～2013 年，巴布亚新几内亚、所罗门群岛和越南出口到中国的原木量占国内原木生产量的比例呈增长趋势，2013 年巴布亚新几内亚、所罗门群岛和越南出口到中国的原木量占国内原木生产量的比例较 2000 年分别增加了 19.18%、75.08% 和 0.19%；2013 年马来西亚和印度尼西亚的比例较之 2000 年分别降低了 4.38% 和 0.60%（图 8-19）。

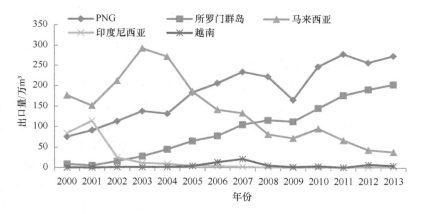

图 8-18　UN-REDD 项目国出口到中国的原木量的变化

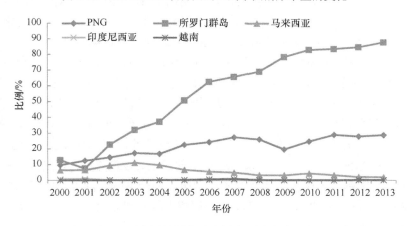

图 8-19　UN-REDD 项目国出口到中国的原木量占国内原木生产量的比例变化（详见书后图版）

UN-REDD 项目国出口到中国的原木量占中国原木进口总量的比例变化趋势（图 8-20）与出口到中国的原木量变化趋势基本一致，马来西亚和印度尼西亚两个

图 8-20 UN-REDD 项目国出口到中国的原木量占中国原木进口总量的比例变化

国家出口到中国的原木量占中国原木进口总量的比例逐渐下降, 巴布亚新几内亚、所罗门群岛和越南的比例总体呈上升趋势。

从 UN-REDD 项目国出口到中国的原木量占国内原木生产量比例的年均变化率结果来看, 2000～2009 年巴布亚新几内亚、所罗门群岛、马来西亚、印度尼西亚和越南出口到中国的原木量占国内原木生产量比例的年均变化率分别为 1.12%、7.29%、–0.36%、–0.07%和 0.01%, 2010～2013 年巴布亚新几内亚、所罗门群岛、马来西亚、印度尼西亚和越南出口到中国的原木量占国内原木生产量比例的年均变化率分别为 2.29%、2.37%、–0.29%、0.00%和 0.03%。可见, 这 5 个国家中, 巴布亚新几内亚和越南在 2010～2013 年出口到中国的原木量占国内原木生产量比例的年均变化率高于 2000～2009 年的比例, 说明 2010～2013 年这两个国家原木出口量占国内原木生产量的比例增幅较大, 而所罗门群岛的增幅变慢; 马来西亚和印度西尼亚在 2010～2013 年的降幅比 2000～2009 年的降幅要小。

综合上述分析, REDD+项目活动对 UN-REDD 项目国原木生产量和原木出口量变化的影响不是很明显, 也许是因为项目执行的时间还不是太长, 导致项目对出口到中国原木量的直接影响的效果还不明显。从项目国出口到中国的原木量占中国原木进口总量的比例, 以及中国原木进口的主要来源国进一步分析 REDD+项目活动对中国林产品贸易的影响, 目前巴布亚新几内亚和所罗门群岛是中国原木进口的重要来源国, 且对中国原木进口量的影响力逐渐增强; 印度尼西亚和马来西亚虽然也是中国在东南亚重要的原木进口国, 但是这两个国家对中国原木进口量的影响减弱。可见, REDD+项目活动对全球和中国林产品贸易的直接影响力较弱。

第二节　REDD+对中国森林资源变化的影响

实施 REDD+项目可以减缓毁林和森林退化, 增加森林覆盖率, 提高森林可持续管理水平及森林碳储量。2015 年，中国在"国家自主贡献"中提出到 2030 年森林蓄积量比 2005 年增加 45 亿 m³ 左右的目标[①]，2017 年中国将启动全国碳排放交易市场，明确了林业目标在应对气候变化中的贡献；2016 年 11 月 4 日，《巴黎协定》正式生效，也为新时期的林业发展提供了机遇和挑战。因此，无论从国际环境，还是国内需求方面，都为中国森林资源的发展提供了良好的机会。REDD+将会促进我国森林资源的增长，推动我国林业应对气候变化政策的制定、林业碳计量监测体系建设和碳汇交易，进而提高中国森林可持续管理水平和森林碳储量，最终实现国家自主贡献的森林目标和生态文明建设的目标。

一、中国森林资源变化

新中国成立 60 多年来，实施了植树造林、天然林保护、退耕还林和重点防护林建设及速生丰产林建设工程，不仅森林资源数量和质量显著提高，而且森林产品的供给能力不断提升。从历次森林清查来看，自 20 世纪 90 年代初实现了森林蓄积量和森林面积的双增长后，我国森林资源总量一直保持稳步增长（图 8-21，图 8-22）。第八次全国森林资源清查数据（2009～2013 年）显示，与上次清查结果相比，我国森林面积、森林蓄积量取得了双增长。其中，森林覆盖率达 21.63%；森林面积为 2.08 亿 hm²，森林面积净增 1254.78 万 hm²；人工林面积 0.69 亿 hm²，居世界首位；森林蓄积量为 151.37 亿 m³，净增 14.16 亿 m³；活立木总蓄积量为

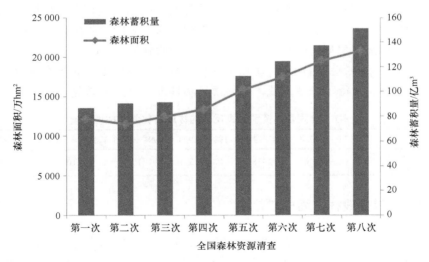

图 8-21　中国森林资源变化

---

① 新华社. 国家发展和改革委员会. 2015. 强化应对气候变化行动——中国国家自主贡献. http://news.xinhuanet.com/2015-06/30/c_1115774759.htm.

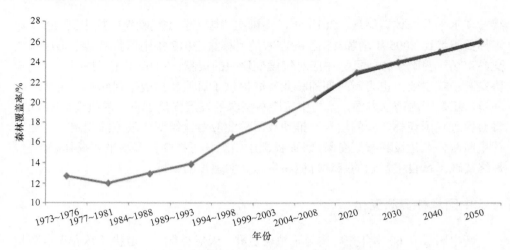

图 8-22 中国森林覆盖率变化及其趋势（详见书后图版）
蓝线是森林覆盖率的实际变化，红线代表预测值

164.33 亿 m³，净增 15.20 亿 m³（国家林业局，2014）。根据国家林业局规划，到 2020 年森林覆盖率达到 23.04%，森林蓄积量增长到 165 亿 m³，森林植被碳储量将达到 95 亿 t；到 2050 年森林覆盖率达到并稳定在 26%以上（国家林业局，2015）。

在中国森林可持续经营和森林保护政策框架下，尽管中国毁林和非法采伐的现象很少发生，但根据历次森林资源清查统计数据，中国也存在着林地转化为非林地的现象（表 8-1），其中，第三次全国森林资源清查期间（1984~1988 年）林地转化为非林地现象最为严重，转化的林地面积达到了 2338 万 hm²。此后，随着国家制定了一系列有关增加森林面积和保护森林的战略政策，我国在减少毁林和林地转化方面也取得了一些成就，并减缓了林地向非林地的转化。

表 8-1   全国森林资源清查反映的林地转化为非林地情况

内容	1977~1981 年	1984~1988 年	1989~1993 年	1994~1998 年	1999~2003 年	2004~2008 年
林地转为非林地面积 /万 hm²	659	2338	956	1081	1010	377

二、我国在减少毁林方面的成效

《第二次气候变化国家评估报告》（《第二次气候变化国家评估报告》编写委员会，2011）指出，植树造林、森林管理、封山育林和减少毁林等活动可以提高森林碳储量。如果以 2000 年为基年计算，2010~2030 年这些活动的净吸收量为 4.17 亿~6.10 亿 t CO_2/年；1980~2005 年中国森林管理累计净吸收量为 16.2 亿 t CO_2，减少毁林所致排放量为 4.3 亿 t CO_2。

为减少林地转化为其他土地利用，提高中国森林面积和质量，从 20 世纪 80 年代开始，中国政府制定并完善了一系列森林管理及森林保护的政策和措施，建立了具有中国特色的森林资源管理和保护制度，实施大规模的植树造林、开展森林可持续经营、森林保护、森林资源监督管理的工作，使森林面积不断增长，大大减少了毁林和非法采伐现象的发生。同时，天然林保护工程、退耕还林工程、"三北"防护林体系建设工程、京津风沙源治理工程、长江流域防护林体系建设工程、农田防护林体系建设工程等重大林业生态建设工程的实施，也大大提高了我国森林的面积和蓄积量，遏制了毁林和森林退化现象的发生。这也为亚太地区森林面积的增加发挥了积极的作用。联合国粮食及农业组织 2010 年全球森林资源评估结果显示，21 世纪以来，亚洲地区森林面积在 20 世纪 90 年代减少的情况下，出现了净增长，这主要归功于中国大规模地植树造林，从而抵消了东南亚地区和南亚地区森林资源的持续大幅减少；1990～2010 年全球防护林面积增加了 5900 万 hm^2，这主要归结于 20 世纪 90 年代以来，中国大面积营造防风固沙林、水土保持林、水源涵养林和其他防护林（FAO，2010）。

三、REDD+对我国森林可持续经营和碳汇交易的影响

尽管联合国气候变化谈判中 REDD+机制在技术和融资等方面还存在较大争议，但是该机制为森林可持续经营和森林碳汇交易提供了良好的机会。为减缓和适应气候变化，推动国内林业发展，中国政府 2009 年向世界承诺，到 2020 年实现森林面积比 2005 年增加 4000 万 hm^2，森林蓄积量比 2005 年增加 13 亿 m^3 的 "413" 双增目标。为实现这一目标，中国政府和国家林业局积极推动制定森林可持续经营、林业减缓和适应气候变化的政策法规，加快促进国内森林碳汇交易等工作的步伐。

（一）加快了国内林业政策规划的出台及机构的成立

REDD+推动了林业减缓和适应气候变化政策和规划的出台。为实现中国政府向世界承诺的 "413" 双增目标，中国制定了一系列重要的战略和政策法规来提高森林的面积和蓄积量，其最终目标是提升中国森林可持续经营水平。这些政策的制定和发布，对提高林业在社会经济发展中的地位起到了促进作用，也为切实推动森林可持续经营作出了积极贡献。2009 年 11 月，国家林业局发布了《应对气候变化林业行动计划》，指出大力植树造林、加强森林保护和强化森林可持续经营已经成为我国增加森林碳汇总量和提高应对气候变化能力的必然选择；并提出通过建立国家木材战略储备基地，来缓解我国木材供需矛盾。2011 年 7 月，出台了《林业发展"十二五"规划》，确立林业在经济社会发展全局中的新地位，强调了林业是循环经济、绿色经济和低碳经济的复合体，在建设生态文明和促进可持续

发展新形势下,对增强社会经济可持续发展能力具有重要的意义。同年 12 月,出台了《林业应对气候变化"十二五"行动要点》,将坚持扩大森林面积、增加森林碳储量和提高森林质量及增强碳汇能力相结合作为行动要点的基本原则之一贯穿于"十二五"始终,大大推动了中国森林可持续经营建设。第 8 次全国森林资源清查(2009~2013 年)结果表明,相比于"413"的双增目标,森林蓄积量目标已提前完成,森林面积目标已完成约 60%。2016 年,印发了《林业应对气候变化"十三五"行动要点》和《林业适应气候变化行动方案(2016—2020 年)》,将会促进我国 2030 年林业应对气候变化目标的实现。2016 年 5 月,国家林业局又印发了《林业发展"十三五"规划》,提出到 2020 年,我国森林覆盖率提高到 23.04%,森林蓄积量将达到 165 亿 m³,单位面积森林蓄积量到 95m³/hm²。

REDD+促进了林业应对气候变化的白皮书和森林可持续经营规划的发布。国家林业局先后发布了《2013 年林业应对气候变化政策与行动白皮书》《2014 年林业应对气候变化政策与行动白皮书》和《2015 年林业应对气候变化政策与行动白皮书》。其强调了中国政府和国家林业局在造林绿化、增加森林碳汇、加强林业资源管理和减少林业碳排放领域作出了突出的贡献;推进了国家储备林建设,首批国家储备林面积为 100 万 hm²。国家林业局还出台了《全国森林经营人才培训计划(2015—2020 年)》,并加紧编制了《全国森林经营规划(2016—2050 年)》,积极推进森林经营样板基地和履约示范单位建设。2013 年,国家林业局发布了《中国森林可持续经营国家报告》,这是我国首次综合反映新时期中国森林可持续经营进展的国别报告。该报告以国际性和前瞻性的视角,介绍了中国森林的基本情况,尤其是提供了 20 年来中国森林可持续经营的主要进展和国家森林状况的综合性回顾。2014 年,森林单位面积蓄积量得到增长,森林可持续经营水平得到了提升;森林火灾次数、受害森林面积、人员伤亡与 1999 年以来同期平均值相比,分别下降了 54.6%、81.3%和 18.3%,森林火灾受害率稳定控制在 1‰以下。为推动森林可持续经营能力建设和减少毁林的发生,促进生态文明建设迈上新台阶,2016 年 5 月,国务院办公厅发布了《关于健全生态保护补偿机制的意见》,提出要安排好对停止天然林商业性采伐的补助奖励,进一步推动了天然林保护和森林可持续经营。

此外,REDD+促进了森林可持续经营和林业碳汇领域机构的成立。为推动亚太地区的森林可持续经营及中国林业碳汇发展,在中国林业行业先后注册成立了两个组织。一是中国绿色碳汇基金会,其是 2010 年 7 月经国务院批准在中国成立的第一家以减排增汇、应对气候变化为目的的基金会,到 2014 年年底,该基金会已获得来自国内外捐款 5 亿多元,先后在全国 20 多个省、自治区、直辖市营造和参与管理碳汇林 120 多万亩[①]。二是亚太森林恢复与可持续管理组织(APFNet),

---

① 1 亩≈666.7m²,下同。

其是为了推动亚太地区森林恢复和可持续经营，于 2011 年 4 月在中国正式注册成立的国际性组织，同年 9 月，在北京举行了首届亚太经济合作组织林业部长级会议。

（二）推动了国内林业碳汇计量监测方法体系建设

与工业减排相比，林业减排具有绿色、低碳和低成本的优势。为了充分利用林业碳汇抵消工业行业的温室气体排放，林业碳汇计量监测方法学一直是联合国气候变化谈判的焦点内容。由于毁林涉及基准线、泄露等技术方法存在不确定性，因此，其并没有作为合格的 CDM 项目纳入《京都议定书》第一承诺期（2008～2012 年），所以不能用以抵消发达国家的温室气体排放。随着联合国气候变化谈判 REDD+的不断发展，有关 REDD+碳计量监测方法的讨论一刻也未停止。国内通过林业碳汇的计量监测，将进一步服务于林业碳汇交易，服务于应对气候变化，服务于生态文明建设。

为推动林业应对气候变化工作，国内也深入推进了全国林业碳汇计量监测体系建设。2010 年 10 月，经国家林业局批准成立国家林业局林业碳汇计量监测中心，承担全国林业碳汇计量监测的各项技术职责，统筹指导各区域计量监测中心的技术工作。该中心自成立以来，大大推动了全国林业碳汇计量监测体系建设的迅速发展。2015 年，全国已经建立了 5 个国家级的林业碳汇计量监测中心，并批准了 15 个具有资质的碳汇计量监测技术团队。

REDD+推动了林业应对气候变化技术规范建设。2009 年在全国启动了林业碳汇计量监测体系建设，2010 年形成了体系建设框架并完成了技术准备，标志着我国正式开启林业碳汇计量监测体系的工程建设。2010 年 7 月，国家林业局印发了《碳汇造林技术规定（试行）》和《碳汇造林检查验收办法（试行）》，它们是参照国际规则并结合中国林业建设实际编制而成，以指导全国各地规范地开展碳汇造林试点工作。2011 年，编制完成了《全国林业碳汇计量监测技术指南（试行）》，并于 2012 年启动了 17 个省市开展林业碳汇计量监测体系的试点工作，推动全国林业碳汇计量监测体系建设。2013 年，北京市发布了《林业碳汇计量监测技术规程》；2014 年，国家林业局编制了《碳汇造林技术规程》（LY/T2252—2014），内容包括了碳汇造林地选择、调查和作业设计，树种选择，以及造林作业方法与检查验收和档案管理等技术要求。2014 年发布了《造林项目碳汇计量监测指南》，研究编制并论证出台了《全国林业碳汇计量监测体系建设总体方案》《土地利用、土地利用变化与林业碳汇计量监测技术指南》和《广东省红树林湿地碳汇计量监测技术方案》，修订了《林业管理活动水平基础数据统计表》。

REDD+促进了项目级碳汇计量方法学的开发。2013 年 11 月，《碳汇造林项目方法学》和《竹子造林碳汇项目方法学》已经作为第二批备案的温室气体自愿减排方法学在国家发展和改革委员会备案，这两个方法学的公布对于推动我国自愿碳汇交易和碳交易试点的建设都有重要的意义，并且这两个方法学实现了 CDM 造林方法学的本土化。2014 年 1 月，《森林经营碳汇项目方法学》成为在国家发展和改革委员会备案的第三批自愿减排方法学。这三个方法学基本上涵盖了国内林业碳汇开发项目的适用领域，为今后开展林业碳汇交易提供了依据，加快了国内林业碳交易市场的发展。截至 2016 年 5 月 10 日，全国已有 15 个省、自治区、直辖市采用上述中国林业科学研究院编制的《碳汇造林项目方法学》和《森林经营碳汇项目方法学》，开发的林业碳汇项目达到 50 个，年减排量合计达到 694.56 万 t CO_2 当量，按当前碳交易市场价格估算，约折合 2.29 亿元/年，为国内林业碳市场定价奠定了重要的基础，有效地推动了国内林业碳交易和温室气体自愿减排活动。

REDD+加强了林业碳汇专业队伍的建设。为加强林业应对气候变化专业人才培养，提高林业碳汇计量监测的业务能力，截至 2015 年 7 月，国家林业局已经组织举办了 9 期全国林业碳汇计量监测方法的培训班，提高了基层技术工作者碳汇计量监测的能力水平。

（三）促进了国内林业碳汇交易

REDD+推动了国家自主贡献林业目标和森林可持续经营的实现。按照建设生态文明和应对气候变化的目标要求，根据国家构建碳市场的总体部署，结合我国林业实际，2014 年 5 月国家林业局出台了《关于推进林业碳汇交易工作的指导意见》，明确了推进林业碳汇交易工作的指导思想、基本原则和政策要求。为抓好指导意见的贯彻落实，开展了相关宣传报道，组织举办了林业碳汇交易试点情况的专题调研和论坛研讨。推动北京、天津、上海、重庆、湖北、广东、深圳 7 个碳排放权交易试点省、直辖市相关制度设计，并要求这 7 个省、直辖市林业主管部门积极探索碳排放权交易下的林业碳汇交易模式，努力作出样板；支持和鼓励林业碳汇项目可以通过中国核证减排量抵消机制参与碳排放权交易；同时，要结合本地实际，加强森林管理，推动林业碳汇交易的发展。目前，开展林业碳汇项目交易的条件已经具备，一批林业碳汇项目正在履行上市交易前的审核备案程序。

REDD+开启了国内林业碳汇交易市场的新纪元。2014 年 10 月，全国首个农户森林经营碳汇交易体系在浙江临安市正式发布，该体系的开发是结合中国国情和林改后农户分散经营特点及现阶段碳汇自愿交易的国内外政策和实践经验，以临安市农户森林经营为试点开发的林业碳汇交易体系，为今后我国农户小规模的森林经营碳汇交易提供了示范和模式。2015 年 5 月，广东长隆碳汇造林项目首期减排量获得国家发展和改革委员会减排量签发，这是全国首个获得减排量签发的中国林业温室气体自愿减排项目（林业 CCER 项目），预计 20 年项目计入期内总减排量可达 34.73 万 t CO_2 当量。2016 年 3 月 14 日，"亿利资源集团内蒙古库布其沙漠造林项目"成功获得国家发展和改革委员会的备案通知书。经北京中创碳投科技有限公司审定，库布其沙漠造林项目在 2005～2025 年的预计二氧化碳减排当量可达 607.9 万 t。这是迄今为止国内规模最大的林业碳汇项目，也是国内第一个在沙漠中造林的碳汇项目。这些都对 2017 年全国启动碳交易市场起到了积极的试验和示范作用。

中国政府、科研院所和其他社会团体正在利用 REDD+活动中的"plus"推动我国林业应对气候变化工作的开展。这为加强我国森林可持续经营和推动建立森林资源监测系统，提高我国森林生态系统的碳储量提供了发展机遇，为今后实现国家自主贡献的林业目标奠定了基础。

第九章 REDD+项目经验——以印度尼西亚、越南和巴西为例

毁林和森林退化导致的排放已经成为继能源部门之后的第二大排放源。2008年启动的 UN-REDD 项目，旨在减少发展中国家毁林和森林退化引起的排放。该项目支持推动 REDD+国家战略的实施及促进不同利益相关者的参与，从而提高森林可持续管理水平，以及原住居民和其他以森林为生的社区居民的生活水平。

UN-REDD 项目在非洲、拉丁美洲、亚太地区和加勒比海地区共有 64 个合作国家，并取得了许多成果。其中一个重要的成果是 REDD+项目国家已经拥有了建立并实施"三可"及森林资源监测系统的制度和能力。到 2014 年，有 29 个国家提前建立了它们的国家森林资源监测系统（NFMS）。

印度尼西亚和越南是最早启动 UN-REDD 项目的两个国家，UN-REDD 项目对这两个国家的林业部门产生了重要的影响，并为减缓它们的毁林和森林退化发挥了积极的作用。它们的项目成果和经验也可为其他发展中国家开展 REDD+项目活动提供参考。因此，我们总结了它们的一些项目经验供大家借鉴和探讨。

此外，尽管巴西既不是 UN-REDD 项目合作伙伴，又不是森林碳伙伴基金成员国，但是作为南美洲最大的热带雨林国家，巴西也在积极地探索减缓亚马孙地区的毁林和森林退化。因此，我们也将巴西开展 REDD+项目所取得的一些经验收入本章中。

第一节 印度尼西亚

一、林业概况

印度尼西亚位于亚洲东南部，是世界上第三大热带雨林国家。因此，印度尼西亚的森林不仅对国家经济和当地居民的生计具有重要的意义，还对全球环境保护具有重要的意义。据 FAO 统计，印度尼西亚现有森林面积约 9101 万 hm^2，占其土地面积的 53.0%，森林面积和活立木蓄积量分别居亚洲第 1 位和第 2 位。印度尼西亚也是世界上最大的热带木材生产国之一。20 世纪六七十年代，印度尼西亚生产的木材主要用于出口，但随着国家林产工业政策的转变，到 80 年代，印度尼西亚已由原木出口国转变为木材加工品出口国。

印度尼西亚在 2003～2006 年，每年约有 117 万 hm² 的森林遭受退化或砍伐。2015 年，印度尼西亚林业系统内的年毁林率为 0.84%，林业系统外的年毁林率为 4.97%，大约是林业系统内的 5 倍。这主要是因为林业系统外的森林是由具有不同授权和优先权的多个机构共同管辖的（Angelsen et al.，2013）。

印度尼西亚发生毁林的驱动因素在很大程度上是农田扩张（棕榈树、橡胶树）及纸浆材生产；此外，不可持续的森林采伐和非法采伐活动导致了森林退化。森林火灾在印度尼西亚是非常普通的现象，尤其是在厄尔尼诺发生期间更为突出。因此，森林火灾也是造成印度尼西亚毁林的一个重要驱动因素。

二、UN-REDD 项目实施概况

制定国家战略或行动计划是《坎昆协议》对发展中国家执行 REDD+项目的要求。为了积极响应《坎昆协议》，2010 年，印度尼西亚采取了积极主动的方法制定了第一个国家 REDD+战略。其首要任务是确保大范围的利益相关者能够提供他们的想法和投入，提高不同利益相关者参与 REDD+活动的积极性。

为了支持印度尼西亚政府逐渐制定 REDD+战略框架，联合国自 2009 年开始在印度尼西亚实施 UN-REDD 项目，并于 2012 年 10 月结束了第一期项目。项目最终完成了 REDD+战略及参与式管理评估（participatory governance assessment，PGA）指标，并取得了三个项目成果：①加强了不同利益相关者的参与，并在国家水平上保持一致性；②根据国家 REDD+框架建立了 MRV 系统及公平的补偿系统；③提高了执行 REDD+的能力。

印度尼西亚利用 UN-REDD 项目指导其参与式管理评估（PGA）。在印度尼西亚讨论森林管理的问题仍面临着挑战，因为这些问题会涉及许多不同的利益相关者，这些利益相关者来自政府和地方民间组织，又有着不同的背景，也有不同的部门机构和私人部门，且这些人又很少聚在一起讨论管理的问题。利用参与式管理评估的方法推动了多方利益相关者加入到 REDD+活动中来，解决了印度尼西亚在管理方面的困境。参与式管理评估努力将可利用的信息加入国家保障信息系统，也为政府和民间组织开展必要改革时所用。

三、案例经验

印度尼西亚是 UN-REDD 项目开展参与式管理评估的 4 个示范点（印度尼西亚、厄瓜多尔、尼日利亚和越南）的首个示范点。2011 年 5 月，印度尼西亚的民间组织和政府达成一项倡议，将联合在印度尼西亚开展应对 REDD+领域的管理挑战，且它们在国家和省级水平上针对 REDD+的优先领域达成共识。在参与式管理评估整个过程中，多方的利益相关者能够表达自己的声音，为不同利益相关者的经常性对话提供了新的平台，为 REDD+的问题开放了前所未有的交流通道。在设计阶段，多方的利益相关者以一种主人翁的精神参与关键管理区域选择和数据收集工具的开发，并且相信数据和评估结果。参与式管理的一个重要经验就是管理信息如立法一样，是基于事实和证据，重视数据，而不是简单地宣教，因此提高了社会责任，这对林业发展产生了积极的影响。

印度尼西亚在建立 REDD+战略过程中注重与多方利益相关者协商的过程，这是开展 REDD+活动过程中获得的重要经验，这些经验包括以下几方面。

1）让所有的利益相关者提前了解 REDD+的内容，因此前期的准备工作非常重要。

2）REDD+涉及多方面的内容，在协商过程中，要为利益相关者提供均等的参与机会，更重要的是要让他们有主人翁的意识，并且有充足的时间讨论，避免因时间限制导致不成熟的决策。

3）REDD+是一个复杂的问题，需要为不同的目标受众需求提供合适的沟通方式。可以利用其他合适的语言和图表使 REDD+较易理解。如果沟通失败则意味着一些利益相关者不能很好地跟上讨论的进度，影响他们积极参与的热情。

4）利用文档记录进程和提供一个反馈机制是全面协商的必要组成部分。这不仅是利益相关者建立信任的过程，还使利益相关者相信他们是进程的推动者。文档记录体现了让利益相关者相信制定战略和决策过程中会充分考虑他们的意见，以及相信他们对战略的制定作出了贡献。

5）REDD+战略的形成过程要有可靠的数据支撑，这取决于利益相关者最终掌握的信息和数据的质量，这些数据能够提高过程和结果的可靠性。

6）国家 REDD+战略要求在国家水平上制定协调政策。在国家水平上的协调机制越完善就越有助于国家 REDD+战略的开发。

7）利益相关者相互支持对准备国家 REDD+战略非常重要。通过 UN-REDD 项目的有效支持系统，能够将不同利益相关者联合在一起，尤其是原住居民和其他以森林为生的社区居民，促进印度尼西亚第一个国家 REDD+战略的开发。

第二节 越 南

一、林业概况

越南位于东南亚地区的中南半岛东部，地形狭长，地势西高东低，境内 3/4 为山地和高原，属热带季风气候。越南森林资源丰富（General Statistics Office of Vietnam，2016），1992 年森林面积为 920 万 hm^2，2006 年为 1260 万 hm^2；到 2013 年森林面积为 1395 万 hm^2，人工林面积占森林面积的 25.5%；到 2015 年森林面积约为 1477 万 hm^2，森林覆盖率为 44.6%（FAO，2015）。越南的天然林大都集中在中部高原和东南部、南部沿岸及北部沿岸地区，尤以中部高原地区最为集中。

由于战争、大规模的工业开发、农地用途改变及基础设施建设，越南近几十年森林覆盖率急剧下降；另外，由于限制天然林采伐等保护政策和造林活动，近年来以人工林为主的森林面积有所增加，但是森林破碎化和退化导致越南天然林的质量仍在下降。

不过，越南的毁林和森林退化的驱动力已经发生了变化。越南毁林发生最严重的时候发生在 1943～1990 年，森林覆盖率从 43%下降到 27%（MARD，2013）。这主要是由战争及生活在地势低洼地的京族迁移到林区进行垦殖和农业扩张所导致的。到 20 世纪 90 年代中期，尽管有个别地区仍存在毁林和森林退化，但是这种现象整体上已经开始向好的方向发生改变。当前，造成毁林和森林退化的直接原因是森林转化成工业用的多年生植物用地，以及不可持续地采伐，基础设施建设和森林火灾造成的土地利用发生变化。

二、UN-REDD 项目实施概况

越南是最早启动 UN-REDD 项目的 9 个国家之一。UN-REDD 项目已经在越南实施了两期。其中，第一期执行时间为 2009～2012 年，在越南选择 Lam Dong 省开展项目试验示范；第二期执行时间为 2013～2015 年，选择越南的 6 个省开展项目活动。现在，越南林业的目标正在从"更多的森林"走向"更好的森林"。

UN-REDD 项目对越南的林业部门产生了重要影响，如早期的利益分配制度（benefit distribution system，BDS），林业政策制定者对其进行了重要的讨论。利益分配制度是指在 REDD+项目中，森林效益在不同利益相关者之间公平合理分配的制度。设计利益分配制度是越南 UN-REDD 项目活动的一个重要内容。

UN-REDD 项目将帮助越南开展制度和技术的能力建设，包括国家水平和次国家水平的 REDD+活动能力建设，并在 Lam Dong 省开展试验示范。UN-REDD 项目已经帮助越南政府建立了国家 REDD+网络。该网络主要是发挥协调功能，将不同的利益相关者召集在一起共同解决 REDD+准备和实施遇到的问题。

三、案例经验

越南是首个全面启动执行减少毁林和森林退化的国家。因此，越南的经验将为其他示范点国家及国际其他国家所借鉴，如利益分配制度的 R-系数和跨部门合作研究建立国家的异速生长方程。

（一）R-系数

R-系数（R-coefficient）就是在利益分配制度中，REDD+受益人获得补偿的标准。建立 R-系数是为了分配 REDD+的社会和环境效益。实质上，R-系数作为一种保障措施，主要是在利益分配过程中给予处于不利地位的受益者更高的权重，确保他们能够获得社会和森林非碳效益，这样可以更好地促进 REDD+活动在这些利益相关者区域实施和执行。非碳效益在《坎昆协议》和《巴黎协定》中均被强调。

R-系数要考虑的社会和环境因素要易于测量和操作。越南在设计 R-系数时，共考虑了社会（收入、民族和性别）、环境（生物多样性和流域的特性）和困难（易于到达的难易程度及对毁林和森林退化的影响）三个方面的 7 个因素。社会因素的权重要以社会统计数据或人口普查数据为依据；环境因素的数据和信息来源参考森林资源现状和功能分类保护图；困难因素要以实际情况为依据。

1）收入，将收入水平作为一个社会因素，主要是 REDD+补偿能够给更加贫困的家庭带来额外的收入。因为越南最贫穷的人们大多生活在林区或林区的周围，且 REDD+补偿对更加贫困的家庭而言具有更大的吸引力和现实意义。

2）民族，越南少数民族是 REDD+的主要利益相关者和受益者，他们依靠天然林获取生计，且拥有对这些林地的所有权，因此他们对森林可持续经营影响较大，且能够提供有效的监测。给予处于劣势的少数民族/种族较高的补偿，以弥补这种劣势。

3）性别，在一个以女性作为主要劳动力的家庭，同样也需要给予较高的补偿。

4）生物多样性，REDD+活动能够给一些地区带来更高的生物多样性，那么相应也会给这些地区更高的补偿。有三个指标供参考：距离特有用途林或国家公园的距离、森林起源（天然林和人工林）及森林功能类型（特有用途林、保护林和生产林）。

5）流域的特性，如果村庄或社区位于较高的流域或河流的源头，相应地也会给这些流域补偿较高的权重。这方面的数据和信息主要来自分类保护图。

6）易于到达的难易程度，是指居民区到达活动林区的距离及施工环境的好坏。对距离相对较远且作业环境比较恶劣的情况要予以更多的补偿。

7）对毁林和森林退化的影响，主要是人为活动引起的外部影响，这就需要付出更大的努力才能保障森林不遭受破坏或退化，也就是要为此支付成本，预防非法采伐、森林火灾及森林转化成农田需要支付的额外成本。

（二）跨部门合作建立国家异速生长方程

森林碳储量及其估算对评估森林在减缓和适应气候变化方面非常重要，而异速生长方程是评估森林碳储量的最基本函数。尽管目前全球已经开发了许多森林碳储量评估模型，且应用于不同的大洲，然而这些模型在越南的适用性并未得到验证。应用未通过验证的不恰当模型将会给越南带来较大的风险，导致越南森林碳储量的高估或低估。因此，根据越南的国情，在越南首要的任务是在跨部门合作的基础上建立国家异速生长方程。

越南实施 UN-REDD 项目的目的之一是支持建立异速生长方程，越南政府也指出有必要在林业研究过程中支持不同政府机构之间的合作。2010 年，国家森林资源清查机构、研究机构和越南林业管理机构共同讨论 UN-REDD 项目的实施，并一致通过了越南国家自己的不同森林生态系统的异速生长方程，建立这些异速生长方程对越南来说非常有益。

国家不同部门之间合作开展以下活动：设计监测灾害的国家手册；收集和录入现存异速生长方程数据到中央数据库；在 5 个国家生态区指导灾害监测；为模型开发和选择开展统计和试验分析；报告已开发的异速生长方程。

第三节　巴　　西

一、林业概况

巴西位于南美洲东南部，国土的 80% 位于热带地区，最南端属亚热带气候，北部亚马孙平原属赤道气候，中部高原属热带草原气候。巴西是世界上森林资源最丰富的国家之一，素有"地球之肺"之称的亚马孙热带雨林总面积达 750 万 km^2，其中大部分位于巴西境内。据 FAO 统计，2015 年巴西森林面积为 4.94 亿 hm^2，森林覆盖率达 59.0%，森林面积和蓄积量均居世界第二位。

随着巴西经济的发展，巴西的毁林步伐也有所加快。虽然 20 世纪 90 年代巴西已重视对亚马孙热带雨林的保护工作，但在近 25 年中还是受到了较为严重的破坏。巴西毁林是多方面因素造成的。2007 年，巴西亚马孙地区大约有 15% 的森林面积合法地转化成农田和经营性的大牧场；大规模的机械化农业生产，尤其是大豆种植是 Cerrado 地区发生毁林的主要驱动力；另外，生产木炭用于生铁冶炼也是发生毁林的又一个重要驱动力；在 Caatinga 地区发生毁林主要是人们采伐木材作为燃料。

二、REDD+ 的成本

REDD+ 成本估算是一个比较复杂的问题，不同的国情和驱动因素需要的成本也不一样。在设计 REDD+ 项目过程时，需要考虑机会成本、实施成本和交易成本。

机会成本一般从放弃最好的土地利用方式的经济效益方面进行考虑，由于所获得的产品和服务没有市场价格，因此也很少在机会成本中予以考虑。REDD+项目的实施成本和运行成本经常被忽略掉，这些成本主要是 REDD+项目如何实施并被完成的，主要包括 MRV 体系的能力建设成本、预防非法采伐的成本、土地保险以刺激土地所有者开展有利于 REDD+活动的成本。由于项目设计不合理和额外性不好确定，导致发展中国家的 REDD+实施成本具有很大的不确定性（Thompson et al.，2013）。交易成本在买卖双方也不好控制，可能会在交易的过程中上升。

由于不同国家的国情不同，导致毁林的驱动力也不一样。毁林和森林退化的驱动力因素会随着土地利用的机会成本变化而发生改变，人们往往会趋向机会成本更高的土地利用方式。

表 9-1 总结了巴西不同土地利用的机会成本，并说明了毁林驱动力的变化趋势。商业性的农业生产包括种植粮食作物、水果和一些经济作物，这些农地的位置较远；小规模的农业作物（木薯和大米）和香蕉的利润较低，大约每公顷 2 美元。大豆生产具有较高的利润，每年每公顷的利润为 1027～1924 美元；小规模和传统畜牧业每年每公顷的利润为 2～332 美元，而大规模畜牧业、集约型畜牧业和改良农场每年每公顷的利润为 461～1033 美元。人工林种植的机会成本高达每公顷 2378 美元，尽管其机会成本相对于咖啡和香蕉的机会成本而言较高，但是能用来种植人工林的面积非常少，约占土地利用面积的 1%。此外，人工林采伐后，一次性收回的利润变化也非常大，为每公顷 24～1435 美元。因此，毁林的主要驱动力会随着机会成本的高低发生变化。

表 9-1　巴西亚马孙毁林驱动力的机会成本（Olsen and Bishop, 2009）

活动（毁林驱动力）	机会成本/（美元/hm²）	
	低成本	高成本
木材采伐	24	2378
商业性农业	461	1924
小规模农业	2	332
采矿	N.A.	N.A.

注：N.A. 表示无数据

三、国家 REDD+战略

巴西的国家 REDD+战略是政府如何组织、协调和实施预防并遏制毁林和森林退化的发生，同时促进森林的恢复和可持续经营。国家 REDD+战略目的是改善与 REDD+结果有关的政策、监测和影响评估，促进气候变化、生物多样性与在国家和州等不同水平上的林业相关政策协调一致，推动巴西森林资源在全球的流动。

为了实施国家 REDD+战略，巴西建立了一个简单且强大的透明管理系统。

巴西的国家 REDD+战略是在多方利益相关者共同参与过程中形成的。国家 REDD+战略管理系统是由多部门和专家组成的一个联合组织结构（Ministry of the Environment of Brazilian Government，2016），包括国家 REDD+委员会、执行秘书处、专题咨询委员会及 REDD+技术工作组（图 9-1）。国家 REDD+委员会由来自国家不同部委的代表组成，包括环保部，财政部，外交部，农业、畜牧和食品供应部，土地部，科技创新部，政府秘书处及总统办公室等，还包括州政府和市民代表，民间社团的代表也被邀请参加国家 REDD+委员会，共同负责协调、监测和监督国家 REDD+战略的实施。环保部将履行执行秘书处的功能，负责准备关于获得补偿所必需的技术文件，构建和实施 REDD+保障信息系统及相应的报告与每年的筹资，在国外宣传 REDD+的成果等内容。

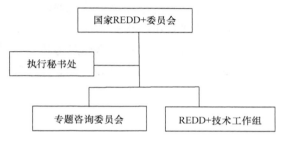

图 9-1　巴西的国家 REDD+战略组织系统

REDD+技术工作组由来自大学和研究机构的土地利用监测及林业部门的碳计量领域的专家组成，负责提供 UNFCCC 框架下 REDD+"三可"的技术，给国家 REDD+委员会提供技术支撑。

专题咨询委员会可以在决策过程中为国家 REDD+委员会提供支持。专题咨询委员会由国家邀请的利益相关者咨询及民间社团、公共和私人企事业单位组成。

这些组织单位构成了国家 REDD+的战略管理系统，并在考虑国家法律和国际协议的基础上，对所有的利益相关者以比较简单的方式提供透明和一致的信息。

第四节　三个国家关于 FRL/FREL 的看法

印度尼西亚、越南和巴西三个国家都认为森林参考水平/森林参考排放水平对 REDD+非常重要，它们是用来评估国家执行 REDD+活动绩效的基准，并用于对减排绩效进行直接补偿。森林参考排放水平和森林参考水平的着眼点不一样。森林参考排放水平是在一定时期内，估算一定区域面积内的总排放量；森林参考水平是在一定时期内，估算一定区域面积内的总/净排放量和清除量。森林参考排放水平是碳排放水平，用来证明由于避免毁林和森林退化的减排量；而森林参考水平是碳储量水平，即用于证明因保护、森林可持续管理和提高森林碳储量的减排量，但二者都用 t $CO_{2\text{-eq}}$ 表示。

一般是利用毁林率和变量数据，并结合已构建的回归分析方法来预测未来的毁林率。利用回归分析的方法研究当前毁林率与多个解释（毁林）变量的关系能够估算未来的毁林率，这些变量包括历史毁林率、森林覆盖率、收入水平、国情及其他驱动因素。

通过研究印度尼西亚、越南和巴西的案例后，认为历史毁林率对预测未来毁林率和解释国家水平及次国家水平当前的森林资源变化是非常关键的。历史毁林率可以用来预测未来的毁林率和解释当前的毁林状况。因此，历史毁林率是预测未来毁林率的一个非常重要的变量因子。由于经济、政治、文化和体制的不同，预测毁林率时采用国家水平的数据要比全球水平的数据好。

然而，单纯的基于历史毁林率采用外推的方法预测未来的毁林率有可能会造成结果不准确。因此，如果利用历史排放建立森林参考排放水平，那就需要在利用人口、经济发展等因素建立一个修正参数的基础上建立森林参考排放水平。

主要参考文献

《第二次气候变化国家评估报告》编写委员会. 2011. 第二次气候变化国家评估报告. 北京: 科学出版社

白彦锋. 2010. REDD+谈判对策及森林管理碳计量和监测方法学. 北京: 中国林业科学研究院博士后出站报告

白彦锋, 姜春前, 张守攻. 2009. 中国木质林产品碳储量及其减排潜力. 生态学报, 29(1): 399-405

毕欣欣, 李玉娥, 高清竹, 等. 2010. 减少发展中国家毁林及森林退化排放(REDD)的各方观点及对策建议. 气候变化研究进展, 6(1): 65-69

谷野, 王敏. 2010. 吉林省退化林地修复与生态治理措施探讨. 当代生态农业, (Z2): 105-106

国家林业局. 2014. 中国森林资源报告(2009-2013). 北京: 中国林业出版社

国家林业局. 2015. 2015年中国林业发展报告. 北京: 中国林业出版社

姜春前. 2009. 减少发展中国家毁林导致的温室气体排放. 北京: 经济科学出版社

姜春前. 2013. 中国森林对话机制——森林与气候变化. 北京: 中国林业出版社

雷静品, 肖文发, 黄选瑞, 等. 2004. 森林可持续经营标准与指标体系研究的最新进展. 世界林业研究, 17(6): 1-5

雷静品, 肖文发, 刘建锋, 等. 2010. 森林退化及其评价研究. 林业科学, 46(12): 153-157

李治宇, 庞勇. 2011. 森林退化及其修复研究概述. 四川林勘设计, (1): 12-18

联合国粮农组织. 1995. 气候变化、森林及森林管理概述. 北京: 中国农业科学院科技文献信息中心: 36-41

林德荣, 李智勇. 2010. 减少毁林和森林退化引起的排放: 一个综合视角的分析. 世界林业研究, 23(2): 1-4

刘国华, 傅伯杰, 陈利顶. 2000. 中国生态退化的主要类型、特征及分布. 生态学报, 20(1): 13-19

肖辉林. 1994. 森林衰退与全球气候变化. 生态学报, 14(4): 430-435

雪明, 武曙红, 程书强. 2012. 我国REDD+活动的测量、报告和核查体系. 林业科学, 48(3): 128-131

杨娟, 李静, 宋永昌, 等. 2006. 受损常绿阔叶生态系统退化评价指标体系和模型. 生态学报, 26(11): 3749-3756

于海群. 2010. 减少森林砍伐和退化——全球应对气候变化的共识. 绿化与生活, (6): 39-40

余作岳, 彭少麟. 1996. 热带亚热带退化生态系统指标恢复生态学研究. 广州: 广东科技出版社: 1-9

袁梅, 谢晨, 黄东. 2009. 减少毁林及森林退化造成的碳排放(REDD)机制研究的国际进展. 林业经济, (10): 23-28

张明亮, 焦士兴. 2003. 我国生态环境退化的问题分析及对策. 国土与自然资源研究, (3): 32-34

张守攻, 肖文发, 江泽平, 等. 2001. 中国国家水平森林可持续经营标准与指标体系. 北京: 中国标准出版社

张守攻, 朱春全, 肖文发, 等. 2000. 森林可持续经营导论. 北京: 中国林业出版社

张小全. 2011. 《京都议定书》第二承诺期森林管理基准线分析. 气候变化研究进展, 7(6): 428-434

张小全, 侯振宏. 2003. 森林退化、森林管理、植被破坏和恢复的定义与碳计量问题. 林业科学, 39(4): 140-144

张小全, 武曙红. 2006. 中国CDM造林再造林项目指南. 北京: 中国林业出版社

赵平. 2003. 退化生态系统植被恢复的生理生态学研究进展. 应用生态学报, 14(11): 2031-2036.

朱教君, 李凤芹. 2007. 森林退化/衰退的研究与实践. 应用生态学报, 18(7): 1601-1609.

朱守谦. 1993. 喀斯特森林生态研究. 贵阳: 贵州科技出版社

邹骥, 傅莎, 陈济, 等. 2015. 论全球气候治理——构建人类发展路径创新的国际体制. 北京: 中国计划出版社

Amazon Fund. 2009. The Amazon Fund's annual report. The Brazilian development bank. http://www. amazonfund. gov. br/FundoAmazonia/export/sites/default/site_en/Galerias/Arquivos/Boletins/Rafa_2009_versxo_final_inglxs. pdf [2012-05-24]

Angelsen A, Ainembabazi JH, Bauch SC, et al. 2013. Testing methodologies for REDD+: deforestation drivers, costs and reference levels. Technical report. Department of Energy & Climate Change. UK Department for Energy and Climate Change, DECC.

Angelsen A, Wertz-Kanounnikoff S. 2008. What are the key design issues for REDD and the criteria for assessing options? In: Angelsen A. Moving Ahead with REDD: Issues, Options and Implications. Indonesia, Bogor: CIFOR

CBD. 2001. Review of the status and trends of, and major threats to, the forest biological diversity. AHTEG on Forest Biological Diversity. Montreal, 12-16 November 2001. UNEP/CBD/SBSTTA/7/INF/3

Chomitz KM. 1998. Baselines for greenhouse gas reductions: problems, precedents, solutions. World Bank Carbon Offset Unit: 1-61

CIFOR. 2009. Realising REDD+ National Strategy and Policy Options. Indonesia, Bogor: CIFOR

Colfer CJP, Capistrano D. 2005. The Politics of Decentralization: Forests, Power, and People. London: Earthscan: 87

Conafor. 2010. Readiness preparation proposal (R-PP) template. Forest Carbon Partnership Facility, SEMARNAT-CONAFOR

Eckert S, Ratsimba HR, Rakotondrasoa LO, et al. 2011. Deforestation and forest degradation monitoring and assessment of biomass and carbon stock of lowland rainforest in the Analanjirofo region, Madagascar. Forest Ecology and Management, 262(11): 1996-2007

Edwards DP, Koh LP, Laurance WF. 2012. Indonesia's REDD+ pact: saving imperilled forests or business as usual? Biological Conservation, 151(1): 41-44

FAO. 2001. Global Forest Resources Assessment 2000: Main Report. Rome, Italy: FAO

FAO. 2002. Proceedings: second expert meeting on harmonizing forest-related definitions for use by various stakeholders. http://www.fao.org/docrep/005/y4171e/y4171e00. htm [2008-11-04]

FAO. 2010. Global Forest Resources Assessment 2010. Rome, Italy: FAO

FAO. 2015. Global Forest Resources Assessment 2015. Rome, Italy: FAO

Freer SPH. 1998. Do pollution-related forest declines threaten the sustainability of forests, Ambio, 27(2): 123-131

General Statistics Office of Vietnam. 2016. Statistical data on agriculture, forestry and fishing. http://gso.gov.vn/default_en.aspx?tabid=778 [2016-07-14]

GOFC-GOLD. 2009. A sourcebook of methods and procedures for monitoring and reporting anthropogenic greenhouse gas emissions and removals caused by deforestation, gains and losses of carbon stocks in forests remaining forests, and forestation. Report version COP14-2, Alberta: GOFC-GOLD Project Office, Natural Resources Canada: 185-187

GOFC-GOLD. 2010. A sourcebook of methods and procedures for monitoring and reporting anthropogenic greenhouse gas emissions and removals caused by deforestation, gains and losses of carbon stocks in forest remaining forests, and forestation. GOFC-GOLD Report version COP16-1.

Alberta: GOFC-GOLD Project Office, Natural Resources Canada

Hardcastle PD, Baird D. 2008. Capability and Cost Assessment of the Major Forest Nations to Measure and Monitor Their Forest Carbon. Penicuick: Office of Climate Change

Harris NL, Brown S, Hagen SC, et al. 2012. Baseline map of carbon emissions from deforestation in tropical regions. Science, 336(6088): 1573-1576

Herold M, Angelsen A, Verchot LV, et al. 2012. A stepwise framework for developing REDD+ reference levels. *In*: Angelsen A, Brockhaus M, Sunderlin WD, et al. Analysing REDD+: Challenges and Choices. Bogor: CIFOR: 279-299

Herold M, Skutsch M. 2009. Measurement, reporting and verification for REDD+: objectives, capacities and institutions. *In*: Angelsen A, Brockhaus M, Kanninen M, et al. Realising REDD+: National Strategy and Policy Options. Bogor: CIFOR: 85-100

Houghton RA, House JI, Pongratz J, et al. 2012. Carbon emissions from land use and land-cover change. Biogeosciences, 9(1): 5125-5142

Houghton RA. 1996. Converting terrestrial ecosystems from sources to sinks of carbon. Ambio, 25(4): 267-272

IPCC. 1990. IPCC First Assessment Report 1990. Cambridge: Cambridge University Press

IPCC. 2003. Good Practice Guidance for Land Use, Land-Use Change and Forestry. Kanagawa: Institute for Global Environmental Strategies

IPCC. 2004. Definitions and methodological options to inventory emissions from direct human-induced degradation of forests and devegetation of other vegetation types. http://www.ipcc-nggip.iges. or.jp/public/gpglulucf/gpglulucf_files/Task2/Degradation. pdf [2006-08-04]

IPCC. 2006. IPCC Guidelines for National Greenhouse Gas Inventories. Kanagawa, Japan: Institute for Global Environmental Strategies

IPCC. 2007. Climate Change 2007: the Physical Science Basis. Contribution of Working Group I to the Fourth Assessment Report of the Intergovernmental Panel on Climate Change. Cambridge: Cambridge University Press

IPCC. 2013. Summary for policymakers. *In*: Climate Change 2013: the Physical Science Basis. Contribution of Working Group I to the Fifth Assessment Report of the Intergovernmental Panel on Climate Change. Cambridge: Cambridge University Press

IPCC. 2014. Summary for policymakers. *In*: Climate Change 2014: Impacts, Adaptation, and Vulnerability. Part A: Global and Sectoral Aspects. Contribution of Working Group II to the Fifth Assessment Report of the Intergovernmental Panel on Climate Change. Cambridge: Cambridge University Press: 1-32

IPCC. 2014. Climate Change 2014: Synthesis Report. Contribution of Working Groups I, II and III to the Fifth Assessment Report of the Intergovernmental Panel on Climate Change [Core Writing Team, R. K. Pachauri and L. A. Meyer (eds.)]. Geneva: IPCC

ITTO. 2002. ITTO guidelines for the restoration, management and rehabilitation of degraded and secondary tropical forests. ITTO Policy Development Series No. 13. Yokohama

Kartha S, Lazarus M, Bosi M. 2004. Baseline recommendations for greenhouse gas mitigation projects in the electric power sector. Energy Policy, 32(4): 545-566

Lenihan JM. 1990. Forest associations of little lost man creek, humboldt county, California: reference-level in the hierarchical structure of old-growth coastal redwood vegetation. Madrono, 37(2): 69-87

Lund HG. 2000. Definitions of forest, deforestation, afforestation, and reforestation. *In*: Manassas VA Forest Information Services. http://home. att. net/~gklund/DEFpaper. html [2008-11-04]

MARD. 2013. UN-REDD Viet Nam Phase II Programme: Operationalising REDD+ in Viet Nam: 350

Macqueen D. 2011. Investing in locally controlled forestry. International Institute for Environment and Development (IIED). http://theforestsdialogue.org/sites/default/files/tfd_ilcf_brussels_ macqueen_ ilcfintro. pdf [2012-12-27]

Marshall NW, Chapple CL, Kotre CJ. 2000. Diagnostic reference levels in interventional radiology. Physics in Medicine and Biology, 45(12): 3833-3846

Ministry of the Environment of Brazilian Government. 2016. National Strategy for REDD+ Brazil. http://redd.mma.gov. br/pt/ [2016-12-03]

MP. 2009. Criteria and indicators for the conservation and sustainable management of temperate and boreal forests. http://www.rinya.maff.go.jp/mpci [2009-10-03]

Ministry of the Environment of Norway. 2011. Guyana-Norway partnership on climate and forests. http://www.regjeringen.no/en/dep/md/Selected-topics/climate/the-government-of-norways international-/guyana-norwaypartnership. html?id=592318 [2012-05-24]

Olsen N, Bishop J. 2009. The Financial Costs of REDD: Evidence from Brazil and Indonesia. Gland: IUCN: 77

Pan Y, Birdsey RA, Fang J, et al. 2011. A large and persistent carbon sink in the world's forests. Science, 333(6045): 988-993

Parker C, Mitchell A, Trivedi M, et al. 2009. The Little REDD+ Book: an Updated Guide to Governmental and Non-governmental Proposals for Reducing Emissions from Deforestation and Degradation. Oxford: Global Canopy Programme: 15-27

Penman J. 2008. An exploration by the EU on methodological issues relating to reducinge missions from forest degradation in developing countries. http://unfccc.int/methods_science/redd/items/ 4579. php [2008-11-25]

Picciotto E, Wilgain S. 1963. Fission products in Antarctic snow, a reference level for measuring accumulation. Journal of Geophysical Research, 68: 5965-5972

Romijn E, Herold M, Kooistra L, et al. 2012, Assessing capacities of non- Annex I countries for national forest monitoring in the context of REDD+. Environmental Science and Policy,19-20(5): 33-48

Secretariat of the Convention on Biological Diversity. 2002. Review of the status and trends of, and major threats to, the forest biological diversity. Montreal, SCBD, 164p. (CBD Technical Series no. 7).

Steenhof PA. 2007. Decomposition for emission baseline setting in China's electricity sector. Energy Policy, 35(1): 280-294

Steni B, Indarto GB, Surya MT, et al. 2010. Beyond carbon: rights-based safeguard principles in law. HuMa, Jakarta, Indonesia

Stern N. 2006. The Stern Review: the Economics of Climate Change. Cambridge: Cambridge University Press

Streck C, Gomez-Echeverri L, Gutman P, et al. 2009. REDD+ Institutional Options Assessment: Developing an Efficient, Effective, and Equitable Institutional Framework for REDD+ under the UNFCCC. Washington D C. USA: Meridian Institute

Thompson RO, Paavola J, Healey J, et al. 2013. Reducing emissions from deforestation and forest degradation (REDD+): transaction costs of six Peruvian projects. Ecology & Society, 18(1): 17

United Nations. 1992. United Nations framework convention on climate change. http://unfccc. int/resource/conv/ratlist. pdf [2006-11-01]

UNFCCC. 1997. Kyoto Protocol to the United Nations Framework Convention on Climate Change. http://unfccc.int/resource/docs/convkp/kpeng.pdf [2008-06-19]

UNFCCC. 2001. Report of the conference of the parties on its seventh session, held at Marrakech from 29 October to 10 November 2001, FCCC/CP/2001/13/Add. 1

UNFCCC. 2005. Reducing emissions from deforestation in developing countries: approaches to stimulate action, submissions from parties. http://unfccc. int/resource/docs/2005/cop11/eng/misc01. pdf [2009-02-11]

UNFCCC. 2006a. Issues relating to reducing emissions from deforestation in developing countries and recommendations on any further process: Submissions from Parties. FCCC/SBSTA/2006/MISC. 5

UNFCCC. 2006b. Issues relating to reducing emissions from deforestation in developing countries and recommendations on any further process: Submissions from Parties, Addendum. FCCC/SBSTA/2006/MISC.5/Add.1

UNFCCC. 2006c. Report on a workshop on reducing emissions from deforestation in developing countries. Note by the secretariat. FCCC/SBSTA/2006/10

UNFCCC. 2006d. Issues relating to reducing emissions from deforestation in developing countries and recommendations on any further process: Submissions from Parties FCCC/SBSTA/2006/MISC.5

UNFCCC. 2006e. Date and venue of the thirteenth session of the Conference of the Parties and the calendar of meetings of Convention bodies. Proposal by the President. FCCC/CP/2006/L.5

UNFCCC. 2007a. Report of the Conference of the Parties on its thirteenth session, held in Bali from 3 to 15 December 2007. http://unfccc.int/documentation/decisions/items/3597. php# beg [2008-07-14]

UNFCCC. 2007b. Report of the Subsidiary Body for Scientific and Technological Advice on its twenty-sixth session, held at Bonn from 7 to 18 May 2007. FCCC/SBSTA/2007/4

UNFCCC. 2008. Ideas and proposals on the elements contained in paragraph I of the Bali Action Plan submissions from parties. http://unfccc.int/resource/docs/2009/awglca5/eng/misc01. pdf [2009-05-11]

UNFCCC. 2009. Report of the Conference of the Parties on its fifteenth session, held in Copenhagen from 7 to 19 December 2009. Addendum. Part Two: Action taken by the Conference of the Parties at its fifteenth session. FCCC/CP/2009/11/Add. 1

UNFCCC. 2010. The Cancun Agreements: Outcome of the work of the Ad Hoc Working Group on Further Commitments for Annex I Parties under the Kyoto Protocol at its fifteenth session. FCCC/KP/CMP/2010/12/Add. 1

UNFCCC. 2011a. Outcome of the work of the Ad Hoc Working Group on Long-Term Cooperative Action under the Convention. http://unfccc.int/files/meetings/durban_nov 2011/decisions/application/pdf/cop17_lcaoutcome. pdf [2011-12-27]

UNFCCC. 2011b. Draft decision on guidance on systems for providing information on how safeguards are addressed and respected and modalities relating to forest reference emission levels and forest reference levels as referred to in decision 1/CP. 16, appendix I. Draft decision-/CP. 17. United Nations Framework Convention on Climate Change. Advance unedited version

UNFCCC. 2012. Methodological guidance for activities relating to reducing emissions from deforestation and forest degradation and the role of conservation, sustainable management of forests and enhancement of forest carbon stocks in developing countries. Agenda item 4. http://unfccc.int/documentation/documents/advanced_search/items/6911.php?priref=600006910 [2012-6-12]

UNFCCC. 2014a. Subsidiary Body for Scientific and Technological Advice. Forty-first session. Item 6 of the provisional agenda. FCCC/SBSTA/2014/MISC. 6

UNFCCC. 2014b. Subsidiary Body for Scientific and Technological Advice. Forty-first session. Item 6 of the provisional agenda. FCCC/SBSTA/2014/MISC. 6. /Add. 1

UNFCCC. 2014c. Subsidiary Body for Scientific and Technological Advice. Forty-first session. Item 6 of the provisional agenda. FCCC/SBSTA/2014/MISC. 7

UNFCCC. 2014d. Subsidiary Body for Scientific and Technological Advice. Forty-first session. Agenda item 6. FCCC/SBSTA/2014/MISC. 7/Add. 1

Walubengo D, Kinyanjui M. 2010. Investing in Locally Controlled Forestry. The Forests Dialogue. Abackground paper.

Winsor T, Burch GE. 1945. Phlebostatic axis and phlebostatic level, reference levels for venous pressure measurements in man. Exp Biol Med, 58(2): 165-169

Zhang XQ. 2011. Contribution of forest management credits in Kyoto Protocol compliance and future perspectives. Advances in Climate Change Research, 2(4): 171-177

缩　略　词

AWG-KP	Ad Hoc Working Group on Further Commitments for Annex I Parties under the Kyoto Protocol	附件一缔约方在《京都议定书》之下的进一步承诺特设工作组
AWG-LCA	Ad Hoc Working Group on Long-term Cooperative Action under the Convention	《公约》之下长期合作行动特设工作组
CCBA	The Climate, Community & Biodiversity Alliance	气候、社区与生物多样性联盟
COP	Conference of the Parties	缔约方会议
ESMF	Environment and Social Management Framework	环境和社会管理框架
FCPF	Forest Carbon Partnership Facility	森林碳伙伴基金
FIP	Forest Investment Program	森林投资项目
FSC	Forest Stewardship Council	森林管理委员会
GEF	Global Environment Facility	全球环境基金
GIZ	Deutsche Gesellschaft für Internationale Zusammenarbeit	德国国际合作机构
GOFC-GOLD	Global Observation of Forest and Land Cover Dynamics	全球森林和土地覆盖动态观测
GTZ	Deutsche Gesellschaft für Technische Zusammenarbeit	德国技术合作公司
IBRD	International Bank for Reconstruction and Development	国际复兴开发银行
IDB	Inter-American Development Bank	美洲开发银行
IPCC	International Panel on Climate Change	政府间气候变化专门委员会
KfW	Kreditanstalt für Wiederaufbau	德国复兴信贷银行
LCDS	Low Carbon Development Strategy	低碳发展战略
LULUCF	Land use，Land Used Change and Forestry	土地利用、土地利用变化和林业
MRV	Monitoring，Reporting，Verification	可监测、可报告和可核实
REDD	Reducing Emissions from Deforestation and Forest Degradation	减少发展中国家因毁林和森林退化所致排放
REDD+	Reducing Emissions from Deforestation and Forest Degradation and the role of Conservation，Sustainable Management of Forests and Enhancement of Forest Carbon Stocks in Developing Countries	减少发展中国家因毁林和森林退化所致排放，森林保护、森林可持续管理和提高森林碳储量
SESA	Strategic Environmental and Social Assessment	战略环境与社会评估
UNDP	United Nations Development Programme	联合国开发计划署
UNEP	United Nations Environment Programme	联合国环境规划署
UNFCCC	*United Nations Framework Convention on Climate Change*	《联合国气候变化框架公约》
UN-REDD	United Nations Collaborative Programme on Reducing Emissions from Deforestation and Forest Degradation in Developing Countries	联合国 REDD 项目
WB	World Bank	世界银行

附　录

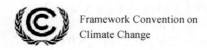

Framework Convention on Climate Change

有关 REDD+的重要决议[*]

---

[*] http://unfccc.int/files/land_use_and_climate_change/redd/application/pdf/compilation_redd_decision_booklet_v1.1.pdf UNFCCC. Adoption of the Paris Agreement. http://unfccc.int/meetings/paris_nov_2015/session/9057.php。附件中的决议内容来自当年缔约方会议决议报告的节选。

第 2/CP.13 号决定*

减少发展中国家毁林所致排放量：激励行动的方针

缔约方会议，

忆及《公约》的有关规定，特别是第二条、第三条第 1、3、4 款和第四条第 1 款（a）～（d）项及第 3、5、7 款。

承认毁林导致的排放增加了全球人为温室气体的排放量。

承认森林退化也会导致排放，对此需在减少毁林所致排放量的同时予以处理。

确认已作出努力和采取行动，减少发展中国家毁林，保持和提高森林碳储存。

确认问题的复杂性、不同的国情，以及毁林和森林退化的多重驱动因素。

确认进一步采取行动，减少发展中国家毁林及森林退化所致排放量，对于帮助实现《公约》的最终目标的潜在作用。

申明迫切需要采取进一步有意义的行动，减少发展中国家毁林及森林退化所致排放量。

注意到大幅度减少发展中国家毁林及森林退化所致排放量要求具备稳定和可预测的资源。

确认减少发展中国家毁林及森林退化所致排放量可促进共同受益，并可补充其他有关国际公约和协定的目的和目标。

确认在采取行动减少发展中国家毁林及森林退化所致排放量时，还需顾及当地和原住社区的需要。

1. 请缔约方进一步加强和支持目前正在自愿进行的减少毁林及森林退化所致排放量的努力。

2. 鼓励所有有能力的缔约方支持能力建设，提供技术援助，促进技术转让，以便除其他外改进数据收集、毁林及森林退化所致排放量的计量、监测和报告，并解决发展中国家在估计和减少毁林及森林退化所致排放量方面的体制需要。

3. 进一步鼓励缔约方探索一系列行动、找出备选办法并作出努力，包括开展示范活动，处理针对本国国情的毁林驱动因素，力求减少毁林及森林退化所致排放量，从而增加由于可持续的森林管理而实现的森林碳储存。

4. 在不影响今后缔约方会议所作决定的前提下，鼓励使用本决定附件中所给的指示性指导意见，帮助开展及评估一系列示范活动。

5. 请缔约方，特别是《公约》附件二所列缔约方，调动资源，支持上文第 1～3 段中所指的活动。

6. 鼓励使用最新的报告指南，作为报告毁林所致温室气体排放量的依据，同

---

* 载于 FCCC/CP/2007/6/Add.1 文件。

时注意到鼓励非《公约》附件一所列缔约方运用关于土地利用、土地利用变化和林业的良好做法指导意见。

7. 请注意到有关文件中所表达的意见，就一系列政策方针和积极鼓励措施，开展有关方法学问题的工作，旨在减少发展中国家毁林及森林退化所致的排放量。这项工作应包括：

（a）请各缔约方于 2008 年 3 月 21 日前就如何解决尚无定论的方法学问题提出意见，这些问题主要有：对森林覆盖面积的变化及相应的碳储量和温室气体排放量变化的评估，因可持续的森林管理而产生的增量变化，减少毁林所致排放量的证明，包括基准排放量水平，减少森林退化所致排放量的估计和证明，国家和次国家方针的影响，包括排放量的转移，评估以上第 1~3 段和第 5 段所述行动效果的备选方案，以及评估行动的标准，这些意见将汇编成一份杂项文件，供附属科技咨询机构第二十八届会议审议。

（b）请秘书处在具备补充资金的前提下，于第二十九届会议前组织一次以上第 7（a）段中提出的方法学问题的研讨会，并拟出一份报告，供附属科技咨询机构在该届会议上审议。

（c）考虑到第 7（b）段所述研讨会的成果，在附属科技咨询机构第二十九届会议上提出制定方法学问题的方针。

8. 请附属科技咨询机构向缔约方会议第十四届会议报告第 7 段（a）~（c）分段所指工作的结果，包括对可能采用的方法提出的任何建议。

9. 请有关组织和利害关系方在不妨碍缔约方会议关于减少发展中国家毁林及森林退化所致排放量的任何未来决定的前提下，支持在以上第 1~3 段和第 5 段有关方面所做的努力，并将这些努力的结果通报附属科技咨询机构，向秘书处提供有关信息。

10. 请秘书处在具备补充资金的前提下，支持所有缔约方，特别是发展中国家在以上第 3 段、第 5 段、第 7 段和第 9 段的有关方面开展的活动，为此应建立一个网上平台，公布各缔约方、有关组织和利害关系方所提交的信息。

11. 注意到第 1/CP.13 号决定之下对与减少发展中国家毁林和森林退化所致排放量有关的问题上的政策方针和积极鼓励措施的进一步审议，以及发展中国家森林保护、森林可持续管理和提高森林碳储量的作用。

12. 进一步指出，在处理与减少发展中国家毁林和森林退化所致排放量有关问题上的政策和积极鼓励措施时，应考虑第 3 段所述努力。

第 8 次全体会议
2007 年 12 月 14~15 日

第 4/CP.15 号决定[*]

关于减少发展中国家毁林和森林退化所致排放量、森林保护、森林可持续管理，及提高森林碳储量相关活动的方法学指导意见

缔约方会议，

忆及第 1/CP.13 号和第 2/CP.13 号决定。

承认减少发展中国家毁林和森林退化所致排放量的重要性，以及森林保护、森林可持续管理及提高森林碳储量的作用。

注意到附属科技咨询机构在与一系列政策方式和积极激励办法相关的方法学问题工作方案中取得的进展。

还注意到缔约方和国际组织根据第 2/CP.13 号决定第 1～3 段和第 5 段正在开展的一系列活动和合作努力。

认识到有必要使原住民和地方社区充分、有效地参与第 1/CP.13 号决定第 1（b）（三）段相关活动的监测和报告，他们的知识可能对这些活动的监测和报告有所贡献。

认识到推动森林可持续管理的重要性和共同收益，包括生物多样性，这些收益可能成为国家森林方案以及相关国际公约和协定的目的和目标的补充。

注意到从正在进行的能力建设活动和努力、测试方法和监测办法中学到的经验和教训，以及一系列政策方法和积极的激励办法，包括以第 2/CP.13 号决定附件所载的指示性指导意见为指导。

1. 请发展中国家缔约方以第 2/CP.13 号决定第 7 段和第 11 段中提出的方法学问题工作为基础，采纳以下指导方针，从事与第 2/CP.13 号决定相关的活动，不对缔约方会议的任何进一步相关决定，尤其是和衡量与报告相关的决定作出预先判断。

（a）找出导致排放的毁林和森林退化的驱动因素及解决办法。

（b）确定国内有哪些活动可导致排放量减少、清除量增加及森林碳储存的稳定。

（c）酌情使用缔约方会议通过的或鼓励采用的最新的政府间气候变化专门委员会的指导意见和指南，作为估算与森林相关的人为温室气体源排放量和汇清除量、森林碳储量和林地变化的基础。

（d）根据国情和能力，建立稳健透明的国家林业监测系统，在适当情况下，建立国家级以下的系统，作为国家监测系统的一部分，从而：

a）酌情结合遥感和地面森林碳清单方针，估算与森林相关的人为温室气体源

---

[*] FCCC/CP/2009/11/Add.1。

排放量和汇清除量、森林碳储量和林地变化。

b）考虑国家的力量和能力，提供透明、一致、尽量准确和减少不确定性的估算值。

c）要透明，要按照缔约方会议商定的做法提供适合审评的结果。

2. 认识到根据缔约方会议的任何相关决定，政府间气候变化专门委员会也许需要做进一步工作。

3. 鼓励酌情制定让原住民和地方社区有效参与监测和报告的指导方针。

4. 鼓励所有有能力的缔约方支持和加强发展中国家收集、获得、分析和解释数据，从而进行估算的能力。

5. 请有能力的缔约方和相关国际组织加强与使用以上第1（c）段所述指导意见和指南有关的能力建设，同时考虑到非《公约》附件一所列缔约方国家信息通报问题专家咨询小组的工作。

6. 请秘书处视补充资金的提供情况，在现有举措范围内加强协调以上第5段所述活动。

7. 认识到发展中国家在制定森林参考排放水平和森林参考水平时应当采取透明的方式，考虑到历史数据，根据国情加以调整，并符合缔约方会议的相关决定。

8. 请缔约方通过《公约》网站的网络平台，分享运用以上第1段所指的指导意见和第2/CP.13号决定附件的经验与教训。

9. 敦促相关国际组织、非政府组织和利害关系方整合和协调作出的努力，以避免重复工作，促进与第2/CP.13号决定相关活动的协同作用。

第 9 次全体会议
2009 年 12 月 18～19 日

第 1/CP.16 号决定[*]

关于减少发展中国家毁林和森林退化所致排放量方面的政策方针和积极鼓励办法，以及森林保护、森林可持续管理和提高森林碳储量的作用

申明在向发展中国家缔约方提供充分和可预测的支持方面，缔约方应当根据第二条所载的《公约》最终目标，按照各自国情，集体致力于减缓、制止和扭转森林覆盖和碳的损失。

还申明需要如以下第 73 段所述，促进各国在所有阶段广泛参与，包括通过提供顾及现有能力的支持。

68. 鼓励所有缔约方寻找有效途径，减少人类通过温室气体排放对森林形成的压力。

69. 申明应按照本决定附录一实施第 70 段所指活动，应促进和支持本决定附录一第 2 段所指保障。

70. 鼓励发展中国家缔约方为森林部门的缓解行动作出贡献，为此应开展每个缔约方认为适当并符合各自能力和国情的下列活动。

（a）减少毁林所致排放量。

（b）减少森林退化所致排放量。

（c）保护森林碳储存。

（d）森林可持续管理。

（e）提高森林碳储量。

71. 请准备开展第 70 段所述活动的发展中国家缔约方，在提供包括向发展中国家提供的资金和技术支持在内的充分和可预测的资助情况下，根据各自国情和能力，制订以下内容。

（a）国家战略或行动计划。

（b）国家森林参考排放水平和（或）森林参考水平，或在相关情况下的国家以下层级森林参考排放水平和（或）森林参考水平，作为一项临时措施，同时考虑到国情和第 4/CP.15 号决定中的规定，以及缔约方会议通过的对这些规定的任何进一步说明。

（c）健全和透明的国家森林监测制度，以监测和报告第 70 段所指活动，以及相关情况下的国家以下层级监测和报告，作为一项临时措施，同时考虑到国情和第 4/CP.15 号决定中的规定，以及缔约方会议通过的对这些规定的任何进一步说明。

（d）一种制度，以提供信息，说明在执行第 70 段所指活动的全过程中，在尊

* FCCC/CP/2010/7/Add.1。

重国家主权的同时，如何对待和尊重本决定附录一所指保障。

72. 还请发展中国家在制订和执行国家战略或行动计划时，尤其是处理毁林和森林退化的驱动因素、土地保有权问题、森林治理问题、性别考虑和本决定附录一第 2 段所列的保障时，确保相关利害关系方的充分和切实参与，包括原住民和地方社区。

73. 决定第 70 段所指缔约方开展的活动应分阶段进行，先制订国家战略或行动计划、政策和措施，并开展能力建设，随后执行国家政策和措施，以及国家战略或行动计划，其中可能需要开展进一步的能力建设、技术开发和转让及基于成果的演示活动，由此转向基于成果的行动，而这种行动应当全面衡量、报告和核实。

74. 承认执行第 70 段所述活动，包括第 73 段所述起始阶段的选择，取决于每个发展中国家缔约方的具体国情、力量和能力，以及它们得到支持的程度。

75. 请附属科技咨询机构就本决定附录二所述事项制订一个工作方案。

76. 促请各缔约方，尤其是发达国家缔约方，通过多边和双边渠道，支持先制订国家战略或行动计划、政策和措施，并开展能力建设，随后执行国家政策和措施，以及国家战略或行动计划，其可能涉及进一步的能力建设、技术开发和转让及基于成果的示范活动，包括审议本决定附录一第 2 段所指保障，同时考虑到相关资金规定，包括关于支持报告的规定。

77. 请《公约》之下的长期合作行动问题特设工作组探讨融资办法，以便充分执行以上第 73 段所述基于成果的行动，就取得的进展向缔约方会议第十七届会议提出报告，包括作为建议提出的任何有关这一事项的决定草案。

78. 还请各缔约方确保协调第 70 段所述活动，包括有关的支持，特别是在国家一级。

79. 请相关国际组织和利害关系方为第 70 段和第 78 段所指活动作出贡献。

第 9 次全体会议
2010 年 12 月 10～11 日

第 2/CP.17 号决定[*]

关于减少发展中国家毁林和森林退化所致排放量方面的政策方针和积极鼓励办法，以及森林保护、森林可持续管理和提高森林碳储量的作用

忆及第 1/CP.16 号决定的原则和规定，以及关于减少发展中国家毁林和森林退化所致排放量方面的政策方针和积极鼓励办法，以及森林保护、森林可持续管理和提高森林碳储量的作用问题的附录一和附录二。

并忆及第 1/CP.13 号、第 2/CP.13 号、第 4/CP.15 号和第 12/CP.17 号决定。

进一步忆及第 1/CP.16 号决定第 68～74 段和第 76～78 段。

重申，在向发展中国家缔约方提供充分和可预测的支持方面，缔约方应根据第二条所载的《公约》最终目标，按照各自国情，集体致力于减缓、制止和扭转森林覆盖和碳的损失。

并重申第 1/CP.16 号决定附录一第 1 段，

确认目前发展中国家缔约方正在努力并采取行动减少毁林和森林退化所致排放量并保持和提高森林碳储量。

认识到有效和持续不断地为第 1/CP.16 号决定第 73 段和第 76 段所指活动提供资助的重要性。

并认识到第 1/CP.16 号决定第 70 段所指森林部门缓解行动的政策方针和积极鼓励办法有助于减贫和促进生物多样性的效益、生态系统抗御力及适应和缓解的联系，应促进和支持第 1/CP.16 号决定附录一第 2（c）～（e）段所指保障措施，意识到有关国际公约和协定正在开展的工作的相关性。

63. 一致认为，不论资金来源或类型如何，按照缔约方会议的有关决定，第 1/CP.16 号决定第 70 段所指活动都应符合第 1/CP.16 号决定的有关规定，包括该决定附录一中的保障措施。

64. 忆及正在采取第 1/CP.16 号决定第 73 段和第 77 段所指基于成果的行动的发展中国家缔约方，为获取和得到基于成果的融资，应对这些行动加以充分地衡量、报告和核实，按照缔约方会议在这个事项上的任何有关决定，发展中国家缔约方应具备第 1/CP.16 号决定第 71 段所指各项要素。

65. 同意向发展中国家缔约方提供新的、额外的和可预测的基于成果的资金，资金可有各种不同来源，其中既有公共来源也有私人来源，既有双边来源也有多边来源，也包括替代型的来源。

---

[*] FCCC/CP/2011/9/Add.1。

66. 认为缔约方会议可参照当前和未来演示活动的经验拟订适当的市场型方针，以支持第 1/CP.16 号决定第 73 段所指发展中国家缔约方基于成果的行动，同时确保保持环境完整性，充分尊重第 1/CP.16 号决定附录一和附录二的规定，并应符合第 1/CP.16 号和第 12/CP.17 号决定，以及缔约方会议关于这些事项的任何未来决定的有关规定。

67. 注意到可以制订一些非市场型方针，诸如综合可持续管理森林的联合缓解和适应方针，作为一种非市场型的替代方针，以支持和加强治理、第 1/CP.16 号决定附录一第 2（c～e）段所指保障措施的运用，以及森林的多重功能。

68. 鼓励《公约》资金机制的经营实体为第 1/CP.16 号决定第 73 段所指行动提供基于成果的资金。

69. 请缔约方和获得接纳的观察员于 2012 年 3 月 5 日之前向秘书处提交关于基于成果的行动的融资，以及审议第 1/CP.16 号决定第 68～70 段和第 72 段所指活动的模式和程序的意见。

70. 请秘书处将缔约方提交的材料汇编成一份杂项文件，供拟结合 SBSTA 第三十六届会议举行的《公约》之下长期合作行动特设工作组会议审议。

71. 请秘书处在具备补充资源的前提下，根据缔约方和获得接纳的观察员就以上第 69 段和第 70 段所指问题提交的材料，编写一份技术文件，作为对第 72 段所指研讨会的投入。

72. 进一步请秘书处在具备补充资源的前提下，在拟结合缔约方会议第十八届会议举行的《公约》之下长期合作行动特设工作组会议之前安排一次研讨会，为此要考虑到第 69 段所指缔约方和获得接纳的观察员提交的材料、第 71 段所指技术文件，以及拟结合 SBSTA 第三十六届会议举行的《公约》之下长期合作行动特设工作组会议关于这个事项的结论。

73. 请《公约》之下的长期合作行动问题特设工作组审议第 69 段所指缔约方和获得接纳的观察员提交的材料、第 71 段所指技术文件，以及第 72 段所指研讨会结果，以期向缔约方会议第十八届会议报告所取得的进展提出建议。

第 10 次全体会议

2011 年 12 月 11 日

第 12/CP.17 号决定[*]

关于就如何处理和遵守第 1/CP.16 号决定所指保障措施提供信息的系统的指导意见，以及与该决定所指森林参考排放水平和森林参考水平相关的模式

缔约方会议，

忆及第 2/CP.13 号、第 4/CP.15 号和第 1/CP.16 号决定。

忆及第 1/CP.16 号决定第 69～71 段和附录一、附录二。

注意到关于就如何处理和遵守第 1/CP.16 号决定附录一所指保障措施提供信息的系统的指导意见应与国家主权、国家立法和国情相一致。

确认第 1/CP.16 号决定第 71 段的各项要素提供足够和可预测的资金和技术支持的重要性和必要性。

意识到构建任何森林参考水平和森林参考排放水平的模式都需要灵活照顾国情和能力，同时谋求环境完整性和避免适得其反的激励措施。

一、关于就如何处理和遵守保障措施提供信息的系统的指导意见

1. 指出执行第 1/CP.16 号决定附录一所指保障措施，以及关于如何处理和遵守这类措施的信息，应有助于国家战略或行动计划，并酌情在第 1/CP.16 号决定第 73 段所指执行活动所有阶段都纳入同一决定第 70 段所指的活动。

2. 同意就如何处理和遵守第 1/CP.16 号决定附录一所指保障措施提供信息的制度，应考虑到各自的国情和能力、承认国家主权和法律、相关的国际义务和协议，并尊重性别因素。

（a）与第 1/CP.16 号决定附录一第 1 段所指指导意见相一致。

（b）提供所有重要利害关系方均可获得的透明和一致的信息，并定期更新。

（c）透明且灵活，可随着时间推移而改进。

（d）提供关于如何处理和遵守第 1/CP.16 号决定附录一所指所有保障措施的信息。

（e）国家驱动，在国家层面执行。

（f）酌情利用现有系统。

3. 同意发展中国家缔约方开展第 1/CP.16 号决定第 70 段所指活动，应提供关于开展活动的全过程如何处理和遵守第 1/CP.16 号决定附录一所指各项保障措施的信息概要。

---

* FCCC/CP/2011/9/Add.2。

4. 决定应定期提供载于上述第 3 段所指信息概要，并符合缔约方会议有关非附件一所列缔约方提交国家信息通报指南的决议纳入国家信息通报中，或者符合缔约方会议同意的信息通报渠道。

5. 请附属科技咨询机构第三十六届会议审议第一次提交第 3 段所指信息概要的时间及以后的提交频度，以便就这个事项提出一项决定，供缔约方会议第十八届会议讨论。

6. 请附属科技咨询机构第三十六届会议审议是否需要提出进一步指导意见，以确保在说明如何处理和遵守保障措施方面的透明、一致、全面和有效，酌情考虑提出补充指导意见，并向缔约方会议第十八届会议提出报告。

二、森林参考排放水平和森林参考水平的模式

7. 同意根据第 1/CP.16 号决定第 71（b）段，森林参考排放水平和（或）森林参考水平以二氧化碳当量吨每年表示，是评估各国在执行第 1/CP.16 号决定第 70 段所指活动方面的绩效的基准。

8. 决定根据第 1/CP.16 号决定第 71（b）段，确定森林参考排放水平和（或）森林参考水平，应考虑到第 4/CP.15 号决定第 7 段，并与各国的温室气体清单中与森林相关的人为温室气体源排放量和汇清除量保持一致。

9. 请各缔约方根据本决定附件所载指导意见和缔约方会议的任何未来决定，提交它们拟订森林参考排放水平和（或）森林参考水平的信息和理由，包括国情的详细情况，如果做了调整，还应包括如何考虑国情的具体情况。

10. 同意拟订国家森林参考排放水平和（或）森林参考水平可采取分步的方针，使各缔约方能够通过采用更准确的数据、改进方法及酌情增加碳集合而改进森林参考排放水平和（或）森林参考水平，同时注意到如第 1/CP.16 号决定第 71 段所述提供充分和可预测的支持十分重要。

11. 承认先拟订的国家以下的森林参考排放水平和（或）森林参考水平作为一项临时措施，然后再向国家森林参考排放水平和（或）森林参考水平过渡，而缔约方临时的森林参考排放水平和（或）森林参考水平所包含的范围可小于整个国家领土上的森林面积。

12. 同意发展中国家缔约方应酌情定期更新森林参考排放水平和（或）森林参考水平，为此要考虑到新的知识、新的发展趋势和对范围及方法学的任何修改。

13. 请发展中国家缔约方在自愿的基础上酌情根据第 1/CP.16 号决定第 71（b）段提交拟议的森林参考排放水平和（或）森林参考水平，并随附以上第 9 段所指信息。

14. 请秘书处在《公约》的 REDD 网站上公布关于森林参考排放水平和（或）

森林参考水平的信息，包括与拟议的森林参考排放水平和（或）森林参考水平排放相关的提交材料。

15. 同意确立一个进程，以便对根据第 12 段和按照将由附属科技咨询机构第三十六届会议拟订的指导意见提交或更新的拟议森林参考排放水平和（或）森林参考水平进行技术评估。

第 10 次全体会议
2011 年 12 月 9 日

第 1/CP.18 号决定[*]

根据《巴厘行动计划》达成的议定结果

与减少发展中国家缔约方毁林和森林退化所致排放量有关问题的政策方针和积极激励办法，森林保护、森林可持续管理和提高森林碳储量

25. 决定 2013 年着手做一个关于基于成果的融资问题的工作方案，其中包括在具备补充资源的前提下举办两次研讨会，以推进第 1/CP.16 号决定第 70 段所述各项活动的充分实施。

26. 邀请缔约方会议主席为第 25 段所指工作方案任命两名联合主席，其中一名来自发展中国家缔约方，一名来自发达国家缔约方。

27. 请秘书处协助联合主席，为第 25 段所指研讨会提供支持。

28. 决定工作方案的目的是促进正在进行的扩大和改进为载于第 1/CP.16 号决定第 70 段所述各项活动的融资有效性的努力，并为此考虑到第 2/CP.17 号决定第 66 段和第 67 段。

29. 决定工作方案将述及实现这一目标的备选办法，并为此考虑到第 2/CP.17 号决定第 65 段所述各种不同资源，包括：

（a）为基于成果的行动进行转移支付的方法和手段。

（b）激励非碳效益的方法。

（c）改进基于成果的融资协调的方法。

30. 同意工作方案应利用相关资料来源，并考虑从《公约》的其他进程和快速启动资金中吸取教训。

31. 请联合主席在秘书处的支持下，协调工作方案中的各项活动与 SBSTA 之下关于与减少发展中国家毁林和森林退化所致排放量有关的活动、森林保护和可持续管理及提高森林碳储量的作用的方法学指导意见的工作。

32. 请联合主席在秘书处的支持下，编写一份关于第 25 段所述研讨会的报告，供缔约方会议第十九届会议审议，以期缔约方会议通过关于这一事项的一项决定。

33. 决定工作方案将在缔约方会议第十九届会议之前结束，除非缔约方会议另作决定。

34. 承认有必要改进为执行第 1/CP.16 号决定第 70 段所述各项活动提供支持方面的协调，并为发展中国家缔约方执行这些活动提供充分和可预测的支持，包括资金和技术支持。

---

* FCCC/CP/2012/8/Add.1。

35. 请 SBSTA 和 SBI 在第三十八届会议上，联合启动一个旨在处理第 34 段所述事项的进程，审议现有体制安排或包括一个机构、一个理事会或一个委员会在内的潜在治理备选办法，并就这些事项向缔约方会议第十九届会议提出建议。

36. 请缔约方和被接纳的观察员组织在 2013 年 3 月 25 日之前向秘书处提交关于第 34 段和第 35 段所述事项的意见，包括潜在的职能，以及模式和程序。

37. 请秘书处将第 36 段所指缔约方意见汇编成一份杂项文件，供 SBSTA 和 SBI 第三十八届会议审议。

38. 请秘书处在具备补充资源的前提下，在 SBSTA 和 SBI 第三十八届会议上举办一次关于第 34 段和第 35 段所述事项的会期研讨会，为此要考虑到第 36 段所述意见，并编写一份关于研讨会的报告，供 SBSTA 和 SBI 第三十九届会议审议。

39. 请附属科技咨询机构在第三十八届会议上审议如何制订一些非市场型方针，如第 2/CP.17 号决定第 67 段所述综合可持续管理森林的联合缓解和适应方针，以便为第 1/CP.16 号决定第 70 段所述各项活动的实施提供帮助，并就这一事项向缔约方会议第十九届会议提交报告。

40. 请 SBSTA 在第三十八届会议上启动关于因执行第 1/CP.16 号决定第 70 段中所述各项活动而产生的非碳效益相关方法学问题的工作，并就这一事项向缔约方会议第十九届会议提交报告。

第 9 次全体会议
2012 年 12 月 7 日

第 9/CP.19 号决定*

推进充分实施第 1/CP.16 号决定第 70 段所述各项活动的基于成果的融资问题工作方案

缔约方会议,

忆及第 2/CP.13 号、第 4/CP.15 号、第 1/CP.16 号、第 2/CP.17 号、第 12/CP.17 号、第 1/CP.18 号和第 10/CP.19～15/CP.19 号决定。

重申在向发展中国家缔约方提供充分和可预测的支持的背景下,缔约方应作出集体努力,根据《公约》第二条提出的最终目标,从各自国情出发,致力于减缓、制止和扭转森林覆盖和碳的损失。

认识到为制订第 1/CP.16 号决定第 71 段提到的各项内容而提供充足和可预见的资金和技术支持的重要性和必要性。

认识到需要扩大用于支持第 1/CP.16 号决定第 70 段所述活动的资金的规模并提高其使用效能,同时需考虑到第 2/CP.17 号决定第 66 段和第 67 段。

进一步认识到绿色气候基金在引导金融资源流向发展中国家和推动气候融资方面将发挥关键作用。

1. 重申为全面落实第 1/CP.16 号决定第 70 段所述活动而向发展中国家缔约方提供的新的、额外的和可预测的资金可有各种不同来源,其中既可有公共来源也可有私人来源,既可有双边来源也可有多边来源,也包括替代型来源,正如第 2/CP.17 号决定第 65 段所提到的。

2. 重申在为第 1/CP.16 号决定第 70 段和第 73 段所述行动和活动各个阶段提供充分和可预测的资助的情况下,发展中国家缔约方逐步采取基于成果的行动。

3. 忆及采取第 1/CP.16 号决定第 73 段所指基于成果的行动的发展中国家缔约方为获取和得到基于成果的资金,应按照第 13/CP.19 号和第 14/CP.19 号决定,全面测量、报告和核实这些行动;发展中国家缔约方应按照第 12/CP.17 号和第 11/CP.19 号决定具备第 1/CP.16 号决定第 71 段所指各项要素。

4. 商定,按照第 2/CP.17 号决定第 64 段,争取获取和得到基于成果的支付的发展中国家缔约方应提供最新的信息概要,说明其如何处理和遵守第 1/CP.16 号决定附录一第 2 段所指各项保障措施,才可收到基于成果的支付。

5. 鼓励通过第 2/CP.17 号决定第 65 段所指广泛的多种资金来源资助第 1/CP.16 号决定第 70 段所指各项活动的实体,包括发挥关键作用的绿色气候基金,共同以

---

* 本书附件中的第 9/CP.19～15/CP.19 号决定均来自"华沙 REDD+框架"的内容。更多信息请参考 FCCC/CP/2013/10 号文件。

公平和平衡的方式，同时考虑到不同的政策办法，输送充分和可预测的基于成果的资金，同时作出努力，增加能够因基于成果的行动而获取和得到支付的国家数目。

6. 鼓励第 5 段所指的实体在提供基于成果的资金时按照第 4/CP.15 号、第 1/CP.16 号、第 2/CP.17 号、第 12/CP.17 号和第 11/CP.19～15/CP.19 号决定及本决定，适用方法学指导意见，以改善基于成果的资金的效力和协调。

7. 请绿色气候基金在提供基于成果的资金时按照第 4/CP.15 号、第 1/CP.16 号、第 2/CP.17 号、第 12/CP.17 号和第 11/CP.19～5/CP.19 号决定及本决定，适用方法学指导意见，以改善基于成果的资金的效能和协调。

8. 鼓励通过第 2/CP.17 号决定第 65 段所指广泛的多种资金来源资助第 1/CP.16 号决定第 70 段所指各项活动的实体，继续向替代型政策方针，如用于对森林进行一体化和可持续管理的联合减缓和适应办法，提供财政资源。

9. 决定在《公约》网站的网络平台上建立一个信息中心，用于发布第 1/CP.16 号决定第 70 段所指各项活动的成果信息及相应的基于成果的支付信息。

10. 注意到信息中心旨在提高基于成果的行动、相应的支付，以及第 1/CP.16 号决定第 71 段提到的各要素的信息透明度，而不会为发展中国家缔约方规定另外的要求。

11. 决定信息中心将包含通过公约下的各个适当报告渠道得到下述信息。

（a）以二氧化碳当量吨每年表示的每一相关时期的成果和第 14/CP.19 号决定第 14 段所指技术报告的链接。

（b）以二氧化碳当量吨每年表示的估算的森林参考排放水平和（或）森林参考水平及第 13/CP.19 号决定第 18 段提到的技术评估小组最后报告的链接。

（c）第 12/CP.19 号和第 12/CP.17 号决定第一章提到的关于如何处理和遵守第 1/CP.16 号决定附录一所指各项保障措施的信息概要。

（d）第 1/CP.16 号决定第 71（a）段提到的国家战略或行动计划的链接。

（e）第 14/CP.19 号决定所指技术附件所规定的关于国家森林监测系统的信息。

12. 决定信息中心还将载列第 11 段提到的每一项结果的信息，以二氧化碳当量吨每年表示，包括收到款项的结果信息及进行支付的实体信息。

13. 商定在与有关发展中国家缔约方协商之后，应将基于成果的支付信息纳入信息中心，同时充分考虑到第 10/CP.19 号决定第 2 段。

14. 请秘书处一旦通过《公约》下的适当渠道获得了第 11（a）～（e）段提到的所有信息，即将其纳入信息中心，也将第 12 段提到的信息纳入信息中心。

15. 请秘书处在获得补充资源的前提下，在附属履行机构第四十一届会议（2014 年 12 月）之前，就第 11～13 段所述事项和第 12 段所指纳入信息的格式问题组织一次专家会议，并编写关于专家会议的报告，供附属履行机构第四十一届会议审议。

16. 指出将成果信息纳入信息中心，不对任何缔约方或其他实体产生任何权利或义务。

17. 指出列入信息中心的成果信息应与反映在未来根据《公约》开发的任何其他有关系统上的相同成果链接。

18. 进一步指出在这一决定及其执行情况下，没有任何对载于第 1/CP.16 号决定第 70 段所指各项活动是否合格、对第 2/CP.17 号决定第 83 段所确定的机制问题或第 1/CP.18 号决定第 44 段中所指工作方案的结果的未来决定做出预先判断。

19. 请秘书处改善和进一步发展《公约》网站的网络平台，列入第 11 段和第 12 段所指信息，并以简单、透明和方便获取的方式提供这些信息。

20. 请融资问题常设委员会注意到这些问题的紧迫性，并铭记曾要求融资问题常设委员会在提高一致性和协调性的工作中考虑到不同政策办法，尤其考虑到森林融资问题，利用其最近的下一次论坛着重讨论与森林融资有关的问题，包括实施第 1/CP.16 号决定第 70 段中所指活动，尤其包括：

（a）第 1/CP.18 号决定第 29 段提到的为基于成果的行动进行转移支付的方式方法。

（b）为替代办法提供财政资源。

21. 请融资问题常设委员会邀请实施第 1/CP.16 号决定第 70 段所指各项活动问题的专家参加第 20 段提及的论坛。

22. 认识到激励非碳效益对于第 1/CP.16 号决定第 70 段所指各项活动长期可持续实施的重要性，并注意到第 1/CP.18 号决定第 40 段中提到的围绕方法学问题进行的工作。

23. 注意到秘书处开展第 14 段、第 15 段和第 19 段提及的活动所涉概算问题。

24. 请秘书处在具备资金的情况下开展本决定要求的行动。

第 10 次全体会议
2013 年 11 月 22 日

第 10/CP.19 号决定

协调对执行与发展中国家森林部门减缓行动有关活动的支持，包括体制安排

缔约方会议，

忆及第 1/CP.16 号、第 2/CP.17 号和第 1/CP.18 号决定。

注意到第 1/CP.18 号决定第 34 段和第 35 段所指进程的结果。

确认需要为执行第 1/CP.16 号决定第 70、71 和 73 段所指活动和要素提供充分和可预见的支持。

确认需要有效、透明地协调为执行第 1/CP.16 号决定第 70 段所指活动提供的支持。

1. 请有关缔约方根据国情和主权原则，指定一个国家实体或联络点，作为与秘书处及《公约》之下有关机构的联络点，酌情协调为充分执行第 1/CP.16 号决定第 70、71 和 73 段所指活动和要素提供的支持，包括不同的政策方针，如联合减缓和适应，并就此向秘书处通报。

2. 指出发展中国家缔约方的国家实体或联络点可根据国情和主权原则，提名实体获取和接收基于成果的支付，应符合为充分执行第 1/CP.16 号决定第 70 段所指活动提供资助的融资实体的任何具体业务模式。

3. 认识到，为了解决与协调为执行第 1/CP.16 号决定第 70、71 和 73 段所指活动和要素提供的支持有关的问题，确定了以下需要和职能。

（a）加强、巩固和促进在国际层面共享相关信息、知识、经验和良好做法，同时考虑国家经验，并酌情考虑传统知识和做法。

（b）查明并考虑协调支持方面可能存在的需要和不足，同时考虑在《公约》及其他多边和双边安排之下通报的有关信息。

（c）考虑并提供在《公约》之下设立的有关机构，以及为第 1/CP.16 号决定第 70、71 和 73 段所指活动和要素融资与供资的其他多边及双边实体之间交流信息的机会，介绍为上述活动采取的行动及提供和获得的支持。

（d）向缔约方会议提供信息，并结合第 3（a）～（c）段所载内容，酌情提供任何建议，以改进为发展中国家缔约方执行第 1/CP.16 号决定第 70、71 和 73 段所指活动和要素提供融资（包括基于成果的融资）、技术和能力建设的有效性。

（e）就如何更加有效地向各实体——包括资助并执行第 1/CP.16 号决定第 70、71 和 73 段所指活动和要素的双边、多边和私营部门实体——提供融资，并就这些活动，包括基于成果的行动如何能够得到更加有效的支持，酌情提供信息和建议。

（f）鼓励为第 1/CP.16 号决定第 70、71 和 73 段所指活动和要素提供资助的其他实体提高效率、加强协调，并酌情与《公约》资金机制经营实体保持一致。

（g）就制定不同方针，包括综合、可持续管理森林的联合减缓和适应方针交流信息。

4. 鼓励国家实体或联络点、缔约方及为第 1/CP.16 号决定第 70 段所指活动供资的有关实体在附属机构第一期会议期间，自愿举行会议，讨论第 3 段确定的需要和职能。

5. 鼓励这些国家实体或联络点、缔约方及第 4 段所指有关实体在附属机构 2014 年第二期会议期间举行第一次会议，之后每年在附属机构第一期会议期间举行一次会议。

6. 请秘书处为举办第 4 段和第 5 段所指会议提供便利，如有可能，从附属机构第四十一届会议（2014 年 12 月）期间开始。

7. 鼓励国家实体或联络点、缔约方及第 4 段所指有关实体在第一次会议上审议程序事项，以方便讨论。

8. 决定在第 4 段和第 5 段所指会议上，与会者可以请《公约》之下设立的有关机构、国际和区域组织、私营部门、原住民和民间组织提供投入，并请这些实体的代表作为观察员参加会议。

9. 请附属履行机构最迟在第四十七届会议（2017 年 11 月至 12 月）上，审查第 4 段和第 5 段所指会议的结果，审议现有制度安排，或审议是否需要潜在治理备选办法，以协调为执行第 1/CP.16 号决定第 70 段所指活动提供的支持，并就这些事项向缔约方会议第二十三届会议（2017 年 11～12 月）提出建议。

10. 同意在本届会议上结束第 1/CP.18 号决定第 34 段和第 35 段所指附属科技咨询机构和附属履行机构就协调为执行第 1/CP.16 号决定第 70 段所指活动提供的支持而开展的联合工作。

11. 注意到有待秘书处根据第 6 段开展的各项活动所涉概算问题。

12. 请秘书处在具备资金的情况下，开展本决定要求秘书处采取的行动。

第 10 次全体会议

2013 年 11 月 22 日

第 11/CP.19 号决定

国家森林监测制度模式

缔约方会议，

忆及第 2/CP.13 号、第 4/CP.15 号、第 1/CP.16 号、第 2/CP.17 号和第 12/CP.17 号决定。

1. 重申依照第 1/CP.16 号决定第 71 段，本决定所指各项活动须在提供充分和可预测的支持（包括向发展中国家提供的资金和技术支持）的情况下进行。

2. 决定制订缔约方国家森林监测制度以监测和报告第 1/CP.16 号决定第 70 段所述各项活动，以及相关情况下作为一项临时措施的国家以下层级监测和报告时，应考虑到第 4/CP.15 号决定中的指导意见，并酌情遵循缔约方会议通过的或鼓励采用的政府间气候变化专门委员会的最新指导意见和指南，作为估算与森林相关的人为温室气体源排放量和汇清除量、森林碳储量和林地变化的基础。

3. 决定强有力的国家森林监测制度应提供透明、前后一致的数据和信息，适合用以测量、报告和核实与森林有关的人为源排放量和汇清除量、森林碳储量，以及执行第 1/CP.16 号决定第 70 段并顾及第 71（b）和（c）段所述活动所致森林碳储量和森林面积的变化，符合缔约方会议商定的任何关于测量、报告和核实发展中国家缔约方适合本国的减缓行动的指导意见，同时考虑到按照第 4/CP.15 号决定提出的方法学指导意见。

4. 进一步决定，第 1/CP.16 号决定第 71（c）段及第 4/CP.15 号决定第 1（d）段所指的国家森林监测制度，以及相关情况下作为一项临时措施的国家以下层级监测和报告应该：

（a）酌情建立在现有制度基础之上。

（b）实现对国家内部不同森林类型的评估，包括缔约国定义的天然林。

（c）灵活并有改进的空间。

（d）酌情反映第 1/CP.16 号决定第 73 段和第 74 段所指的分阶段方针。

5. 承认缔约方国家森林监测制度可以酌情为就处理和遵守第 1/CP.16 号决定附录一所指各项保障措施提供信息的国家系统提供相关信息。

第 10 次全体会议

2013 年 11 月 22 日

第 12/CP.19 号决定

关于如何处理和遵守第 1/CP.16 号决定附录一所指各项保障措施的信息概要提交的时间和频度

缔约方会议,

忆及第 17/CP.8 号、第 1/CP.16 号、第 2/CP.17 号和第 12/CP.17 号决定。

还忆及尤其是第 12/CP.17 号决定第 5 段。

1. 重申根据第 12/CP.17 号决定第 3 段,发展中国家缔约方开展第 1/CP.16 号决定第 70 段中所指的活动,应提供在开展活动的全过程中如何处理和遵守第 1/CP.16 号决定附录一所指各项保障措施的信息概要。

2. 重申根据第 12/CP.17 号决定第 4 段,应定期提供以上第 1 段所指信息概要,并将其收入国家信息通报或缔约方会议同意的通报渠道。

3. 商定还可通过《公约》网站的网络平台,自愿提供以上第 1 段所指的信息概要。

4. 决定发展中国家缔约方在开始执行第 1/CP.16 号决定第 70 段中所指活动之后,应开始在其国家信息通报中或通过通报渠道,包括通过《公约》的网络平台,提供第 1 段所指的信息概要,并考虑到第 3 段。

5. 决定以后提交第 2 段所指信息概要的频度应符合非《公约》附件一所列缔约方提交国家信息通报的规定,并通过《公约》网站的网络平台自愿提交。

第 10 次全体会议

2013 年 11 月 22 日

第 13/CP.19 号决定

对缔约方提交的拟议森林参考排放水平和（或）森林参考水平
进行技术评估的指南和程序

缔约方会议，

重申为了向发展中国家缔约方提供充分和可预测的支持，各缔约方应作出集体努力，根据《公约》第二条提出的最终目标，从各自国情出发，致力于减缓、制止和扭转森林覆盖和碳的损失。

注意到迫切需要在对发展中国家缔约方在森林参考排放水平和（或）森林参考水平进行评估方面加强培训。

忆及第 4/CP.15 号、第 1/CP.16 号和第 12/CP.17 号决定的规定。

又忆及根据第 2/CP.17 号决定第 66 和 67 段，应制定适当的市场型方针和非市场型方针，支持发展中国家缔约方采取第 1/CP.16 号决定第 73 段所提及的基于成果的行动。

1. 决定将对第 12/CP.17 号决定第 13 段所指提交材料进行技术评估。

2. 忆及根据第 12/CP.17 号决定，发展中国家可在自愿的基础上并根据情况需要，提交一份拟议森林参考排放水平和（或）森林参考水平，同时应根据基于成果的支付原则对这类建议进行技术评估。

3. 通过附件所载对缔约方提交的森林参考排放水平和（或）森林参考水平进行技术评估的指南和程序。

4. 请秘书处就技术评估进程编写一份综合报告，供附属科技咨询机构在技术评估工作开展第一年之后审议。

5. 请各缔约方尤其是发展中国家缔约方，并酌情请政府间组织提名具备相关资质的技术专家，将其纳入《公约》专家名册。

6. 请各缔约方尤其是发达国家缔约方及有关国际组织，兼顾非《公约》附件一所列缔约方国家信息通报问题专家咨询小组的工作，为制订和评估森林参考排放水平和（或）森林参考水平的工作提供能力建设支持。

7. 注意到秘书处开展第 1～4 段所指活动所涉概算问题。

8. 请秘书处在具备资金的情况下，开展本决定要求的行动。

第 10 次全体会议
2013 年 11 月 22 日

第 14/CP.19 号决定

可测量、可报告和可核实模式

缔约方会议，

忆及第 2/CP.13 号、第 4/CP.15 号、第 1/CP.16 号、第 2/CP.17 号和第 12/CP.17 号决定。

又忆及第 17/CP.8 号和第 2/CP.17 号决定中关于为报告提供资助的有关规定。

1. 决定，可测量、可报告和可核实与森林有关的人为源排放量和汇清除量、森林碳储量，以及执行第 1/CP.16 号决定第 70 段并顾及第 71（b）和（c）段所述活动所致森林碳储量和森林面积的变化，应符合第 4/CP.15 号决定提出的方法学指导意见，符合缔约方会议商定的发展中国家缔约方适合本国的缓解行动的任何关于可测量、可报告和可核实的指导意见，并遵照缔约方会议今后任何有关决定。

2. 确认需要建立可测量、可报告和可核实与森林有关的人为源排放量和汇清除量、森林碳储量，以及来自执行第 1/CP.16 号决定第 70 段活动所致森林碳储量变化和森林面积变化的能力。

3. 决定缔约方在估算森林有关的人为源排放量和汇清除量、森林碳储量，以及执行第 1/CP.16 号决定第 70 段所述活动所致森林碳储量和森林面积变化时，所用的数据和信息应当透明、前后一致，并与根据第 1/CP.16 号决定第 71（b）和（c）段及第 12/CP.17 号决定第二章所提出的森林参考排放水平和（或）森林参考水平相一致。

4. 同意根据第 12/CP.17 号决定第 7 段，以森林参考排放水平和（或）森林参考水平衡量的缔约方执行第 1/CP.16 号决定第 70 段所述活动的成果以二氧化碳当量吨每年表示。

5. 鼓励各缔约方逐渐改进所用数据和方法，同时与根据第 1/CP.16 号决定第 71（b）和（c）段提出或酌情更新的森林参考排放水平和（或）森林参考水平保持一致。

6. 决定根据第 1/CP.16 号决定和第 2/CP.17 号决定附件三，各缔约方应通过两年期更新报告提供第 3 段所指数据和信息，并考虑给予最不发达国家和小岛屿发展中国家更大的灵活性。

7. 请寻求为基于成果的行动获取和得到支付的发展中国家缔约方在通过两年期更新报告提交第 3 段所指数据和信息时，按照第 2/CP.17 号决定附件三第 19 段提供一份技术附件。

8. 强调第 7 段所指技术附件在基于成果的支付范围内自愿提交。

9. 决定第 7 段所指技术附件中提供的数据和信息应符合第 4/CP.15 号决定和

第 12/CP.17 号决定，并遵循附件提供的指南。

10. 还决定根据争取获取和得到基于结果行动补偿的发展中国家的要求，来自《公约》专家名册的两位土地利用、土地利用的变化和林业专家，其中一位来自发展中国家缔约方，另一位来自发达国家缔约方，将其选定为技术专家小组成员。

11. 进一步决定，作为第 2/CP.17 号决定附件四第 4 段所述技术分析工作的一部分，技术专家小组将分析：

（a）经过评估的参考水平与执行第 1/CP.16 号决定第 70 段所指活动的成果之间在方法、定义、全面性和提供的信息方面在多大程度上具有一致性。

（b）技术附件所提供的数据和信息在多大程度上透明、一致、完整准确。

（c）技术附件所提供数据和信息在多大程度上与第 9 段所述指南一致。

（d）结果在多大程度上是尽可能准确的。

12. 决定提交技术附件的缔约方在对技术附件进行分析期间可与技术专家小组展开互动，提供澄清和补充信息，以便于技术专家小组的分析工作。

13. 决定第 10 段提及的两位土地利用、土地利用的变化和林业专家可以要求对第 7 段提及的技术附件作出澄清，而缔约方应根据国情和国家能力尽可能作出澄清。

14. 商定以上第 10 段所指土地利用、土地利用的变化和林业专家集体负责编写一份技术报告，由秘书处在《公约》网站的网络平台发布，其中包括：

（a）第 7 段所指技术附件。

（b）对第 7 段所指技术附件的分析。

（c）依照第 5 段酌情确定的技术改进领域。

（d）有关缔约方提出的任何意见和（或）回应，包括有关缔约方酌情确定的进一步改进的领域和能力建设需要。

15. 商定第 2/CP.17 号决定第 66 段所指符合由缔约方会议制定的适当的市场型方针要求的基于成果的行动，应符合根据缔约方会议有关决定提出的任何进一步的具体核实模式。

第 10 次全体会议
2013 年 11 月 22 日

第 15/CP.19 号决定

应对毁林和森林退化的驱动因素

缔约方会议,

忆及第 2/CP.13 号、第 1/CP.16 号和第 2/CP.17 号决定。

注意到这一问题的复杂性、不同的国情,以及毁林和森林退化的多重驱动因素。

注意到一些人的生计可能有赖于与毁林和森林退化驱动因素相关的活动,应对这些驱动因素可能要付出经济代价,并对国内资源产生影响。

1. 重申发展中国家缔约方在制定和执行第 1/CP.16 号决定第 72 段和第 76 段所指国家战略和行动计划时,必须应对毁林和森林退化的驱动因素。

2. 认识到毁林和森林退化的驱动因素有许多原因,应对这些驱动因素的行动因各国的国情和能力而各不相同。

3. 鼓励各缔约方、组织和私营部门采取行动,减少毁林和森林退化的驱动因素。

4. 鼓励所有缔约方、相关组织和私营部门及其他利害关系方继续努力应对毁林和森林退化的驱动因素,并交流就此事项开展工作的成果,包括通过《公约》网站的网络平台进行交流。

5. 鼓励发展中国家缔约方注意发展中国家缔约方和相关组织及利害关系方正在进行和已经为应对毁林和森林退化驱动因素所开展工作的相关信息。

第 10 次全体会议

2013 年 11 月 22 日

第 1/CP.21 号决定[*]

通过的《巴黎协定》中有关林业的内容

资金方面，

54. 认识到至关重要的是充分和可预测的资金，包括酌情为基于成果的支付提供这种资金，以落实旨在减少毁林和森林退化所致排放量的政策方法和积极激励，发挥森林保护、森林可持续管理和提高森林碳储量的作用，以及采取替代性政策方法，如为实现综合和森林可持续管理而实施的联合减缓和适应方法；同时重申此类方法在非碳效益方面的重要性；鼓励除其他外，根据《公约》缔约方会议相关决定，协调公共和私人、双边和多边来源，如绿色气候基金提供的支持，以及其他来源的支持。

附件：《巴黎协定》

第五条

一、缔约方应当采取行动酌情维护和加强《公约》第四条第 1（d）项所述的温室气体的汇和库，包括森林。

二、鼓励缔约方采取行动，包括通过基于成果的支付，执行和支持在《公约》下已确定的有关指导和决定中提出的有关以下方面的现有框架：为减少发展中国家毁林和森林退化造成的排放所涉活动采取的政策方法和积极奖励措施，以及森林保护、森林可持续管理和提高森林碳储量的作用；执行和支持替代政策方法，如关于综合和森林可持续管理的联合减缓和适应方法，同时重申酌情奖励与这些方法相关的非碳效益的重要性。

---

[*] 载于 FCCC/CP/2015/10/Add.1.文件。

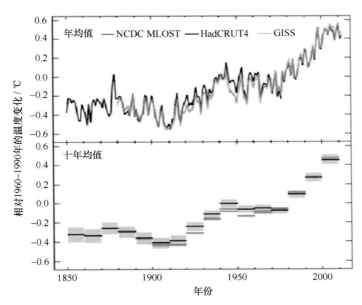

图 1-1　观测的全球表面温度的变化（1850～2012 年）

与 1961～1990 年相比，全球平均表面温度异常值的数据分别来自 HadCRUT4（黑色）、
NCDC MLOST（橙色）和 GISS（蓝色）三个最新的关于陆地表面气温和海洋表面温度数据集

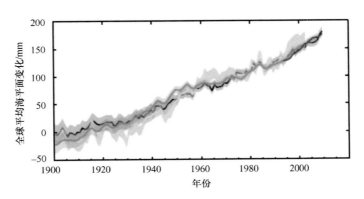

图 1-2　全球平均海平面变化

不同颜色的线代表不同的数据集

图版 II

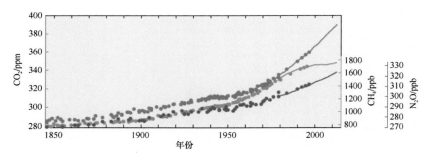

图 1-3　全球温室气体浓度变化

绿色为 CO_2，橙色为 CH_4，红色为 N_2O

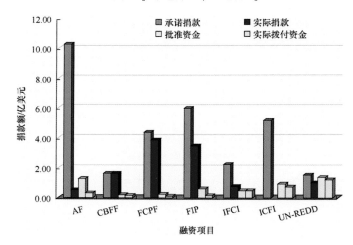

图 5-1　REDD+主要融资行动

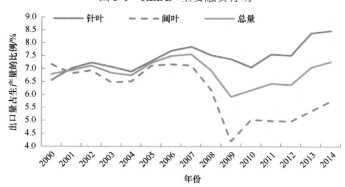

图 8-4　全球工业原木出口量占其生产量的比例变化

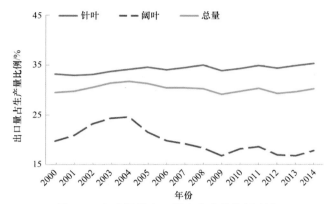

图 8-8 全球锯材出口量占生产量比例变化

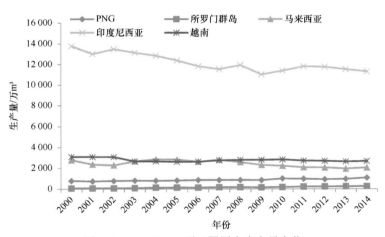

图 8-9 UN-REDD 项目国原木生产量变化

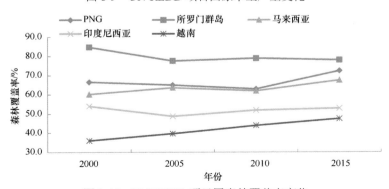

图 8-15 UN-REDD 项目国森林覆盖率变化

图版IV

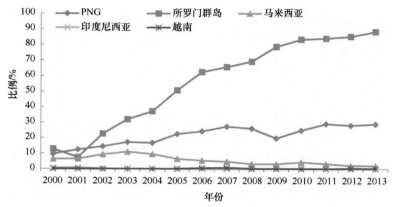

图 8-19　UN-REDD 项目国出口到中国的原木量占国内原木生产量的比例变化

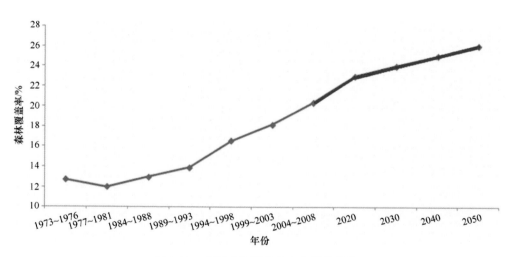

图 8-22　中国森林覆盖率变化及其趋势

蓝线是森林覆盖率的实际变化，红线代表预测值